宇宙大发现

人类和人类的未来

太空旅行，科学幻想，人类，宇宙……
你需要了解的一切，尽在本书中！

［美］尼尔·德格拉斯·泰森 / 著

沈瑞欣 / 译

长江出版传媒　长江文艺出版社

图书在版编目（CIP）数据

宇宙大发现. 人类和人类的未来 / （美）尼尔·德格拉斯·泰森著；沈瑞欣译. -- 武汉：长江文艺出版社，2022.3
ISBN 978-7-5702-2497-5

Ⅰ.①宇… Ⅱ.①尼… ②沈… Ⅲ.①宇宙学－普及读物②未来学－普及读物 Ⅳ.①P159-49②G303-49

中国版本图书馆 CIP 数据核字(2022)第 023327 号

宇宙大发现. 人类和人类的未来
YUZHOU DAFAXIAN RENLEI HE RENLEI DE WEILAI

图书策划：陈俊帆

责任编辑：黄柳依　王天然　　　　　责任校对：毛季慧
设计制作：格林图书　　　　　　　　责任印制：邱　莉　　胡丽平

出版：长江出版传媒 | 长江文艺出版社
地址：武汉市雄楚大街 268 号　　　　邮编：430070
发行：长江文艺出版社
http://www.cjlap.com
印刷：湖北新华印务有限公司

开本：889 毫米×1194 毫米　　　1/16　　印张：5.875
版次：2022 年 3 月第 1 版　　　　2022 年 3 月第 1 次印刷
字数：90 千字

定价：39.60 元

CONTENTS

　　我们建设。我们创造。我们在月球上行走。我们已经建造了社区、广阔的城市和宏伟的古迹。我们笑、唱、玩、吃、喝、爱。做人真棒！我们也破坏。我们摧毁。我们已经破坏了生态系统。我们发动了战争，夷平了城市，并犯下了可怕的暴行。人类是怎么变成这副样子的？今后我们会变成什么样子呢？只有当一个人明白生而为人的意义时，他才会找到这些问题的答案。

"这就是我们所有人存在的原因。这就是所有生物存在的原因。在这个星球上，物理定律通过这一非凡的过程——达尔文的自然选择进化——得以运行，从而产生了像我们这样的东西。这个事实着实让人吃惊。"

—— 理查德·道金斯博士，进化生物学家

第一节

如果我们是从猴子进化来的，那为什么还会有猴子？

很少有科学理论像自然选择进化学说那样容易引起争议和误解。进化并不一定能使我们变得更好，但它使我们与众不同。它不情不愿、断断续续地进行着，速度慢得让人抓狂。它可以顺利进行，让一种生物生存很长时间，然后——突然，轰隆一声！进化不能让原本好好活着的物种继续存活，更惨的是，别的物种也走向了毁灭。

是的，人类是从猴子进化来的。但是，不管你同不同意，从进化的角度来说，我们并不比猴子更好；我们只是跟它们不一样。猴子依然存在，因为它们经过进化，现在在树上生活了——当然，它们在树上生活的本领比我们强得多。如果我们记住进化的基本宗旨，我们都会走向成功。它会帮助我们了解我们是谁，我们是什么，以及我们要去哪儿——无论是去太空还是坐在电视机前。

几百万年前，人类和黑猩猩拥有共同的祖先。

进化 对话理查德·道金斯

达尔文的自然选择学说讲了什么？

进化生物学家理查德·道金斯用计算机来解释繁殖和进化："有一种高精度、高保真的信息，就像计算机语言一样，一代又一代地被复制，并且为每一代的身体发育进行了编程。因此，这个程序的命运与它所处身体的命运息息相关。"

在地球上的每个生物身上，都运行着这样的"计算机程序"，并通过这一生物的DNA进行"编程"。如果"程序"成功，生物就可以繁殖，而这个"程序"也会在生物的后代身上存留下来。如果原始"程序"没有被完美复制，那么新的生物就会有所不同。如果这种改变有助于这些新的生物繁殖，那么改变后的"程序"也会在下一代身上存留下来。这个过程不断重复，直到几千代后，如今，地球上发现的惊人的生命演化正是这个过程的结果。

达尔文雀族中的一种，加拉帕戈斯群岛独有。

回归基础

大卫·艾登堡诠释生命之谜

"你可以在很短的时间里极其详细地记录生命的历史。你知道，生命始于深海，于是有了各种各样的无脊椎动物，如贝壳、甲壳类动物、虾，等等，然后有了有脊椎的鱼。有脊椎的鱼出现在陆地上，就变成了皮肤湿漉漉的两栖动物。皮肤湿漉漉的两栖动物进化出干燥的皮肤，变成了爬行动物。有些爬行动物的鳞片状皮肤进化成了羽毛，它们就变成了鸟类；而其他爬行动物的鳞片状皮肤进化成了毛发，它们就变成了哺乳动物……这就是历史，你可以根据自己的喜好，在这个框架里补充尽可能多的细节。"

——大卫·艾登堡爵士，博物学家

"有生之年，我们已经见证了这种现象：一种新的昆虫诞生了。你运用理论来进行预测，现在它真的发生了。"

——进化专家比尔·奈谈伦敦地铁里的蚊子

宇宙之问：行星地球

重力影响了地球上的进化吗？

我们知道，地球重力为生命诞生发挥了至关重要的作用。地球通过重力拉住大气层——因为大气压力的存在，液态水才不至于跑到空气中。由于受到向下的加速度的影响，地球上的许多重要物质（特别是岩石、碳和水）在地表附近上下循环，把许多原材料混合在一起，这些原材料对于生命的诞生十分关键。月球引力也很重要。许多生物学家认为，潮汐创造了从水域到陆地、不断变化的生态系统，促成了动物从水生到陆生的演化。

即便如此，在日常生活中，重力对于许多生命的影响并不大。例如在池塘的一滴水里游动的细菌，它们被水的表面张力束缚得更紧；它们的质量很小，并且具有中性浮力。不过，大多数生命的确会深深体会到重力的影响——一般来说，重量越重，受到的影响就越大。

艾萨克·牛顿思考着重力问题。

对话

我们为什么没有翅膀？

> 拥有一项特征，并不是说你就一定会在繁殖中更有优势。
>
> 尼尔

> 一个正常体型的人，假如有一双像鸟翅膀那么大的翅膀，他是无法离开地面的。
>
> 理查德·道金斯

> 为什么人不能拥有合乎人体比例的巨大翅膀呢？
>
> 尤金·米尔曼

> 我们受限于同样的物理定律。
>
> 比尔·奈

"人为什么没有翅膀？没翅膀更好。翅膀太碍事了。"

——理查德·道金斯，进化生物学家

想一想 ▶ 进化的奇迹

"我坚信进化论……我不理解那些不相信进化论的人……我很难理解人们为什么不能接受这个事实。"

——詹姆斯·马丁

地球上的进化

看到如今地球上的生命有多么复杂，人们很容易相信，某个事物或者某个人曾经对这里的一切做过全面规划。不过，只要有足够的 DNA、环境条件、时间以及一些环境应激源，这一切就会自然而然地发生，用不着某个事物或某个人来进行规划。

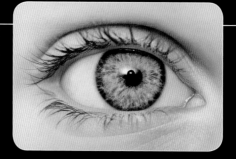

||||||||
▲ 眼睛

从光敏细胞到产生精细图像的器官，这种进化在动物界自主发生过数十次。例如，章鱼眼没有人眼的"盲点"，因为它们的视神经纤维位于视网膜之后。

||||||||
◀ 回声定位

海豚是游泳的哺乳动物，蝙蝠是飞行的哺乳动物，但它们都进化出了利用回声定位——发出尖锐的声音，然后倾听回声——来捕食猎物的能力。研究表明，海豚和蝙蝠基于相同的基因突变，各自独立地进化出了这种能力。

||||||||
◀ 从狼到博美犬

经过几千代的进化和繁殖，狼从凶猛可怕的捕食者变成了各种各样的家养犬——包括小巧可爱的玩具犬。

||||||||
▲ 蜇人的昆虫

雌性昆虫往往通过腹部的尖锐附器来产卵。工蜂都是雌性，腹部有着相似的器官——不过是用来注射毒液的。工蜂以螫针为武器，保护蜂巢的产卵者——蜂后。

||||||||
◀ 长颈鹿

迷惑龙和重龙随着不断的进化，椎骨越来越长，数量越来越多。长颈鹿的情况却不一样，它们的颈椎骨和人类的一样多。数百万年来，颈椎骨的不同变化造成了长颈鹿和短颈鹿的分化。

||||||||
◀ 灵长类动物

在恐龙走向灭绝时，最早的原始灵长类动物出现在地球上。大约 1500 万年前，大猩猩开始进化，分化成如今存在的四种类型：猩猩、大猩猩、黑猩猩和我们人类。

||||||||
▲ 智人与尼安德特人

多年以来，我们一直认为尼安德特人是我们的远古祖先（我们大多数人都有尼安德特人的DNA）——直到科学检验表明，他们很可能是与我们人类不同的另一个分支。

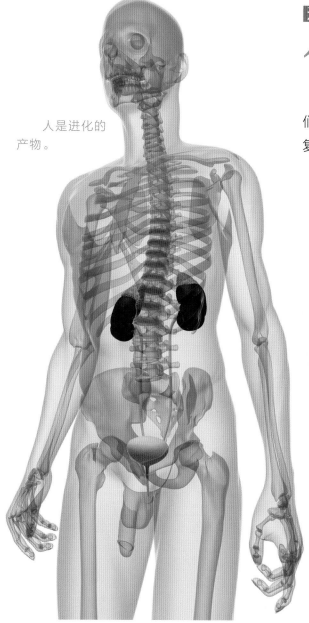

人是进化的产物。

进化 对话理查德·道金斯

人体构造有哪些绝妙之处？

有些人拒绝承认进化是自然选择的结果——在他们当中，又有些人拥护智慧设计论。他们坚称，生命复杂无比、美妙绝伦，这一切肯定是由某个或某些具有感知能力和认识能力的主体创造的。进化不可能存在，因为像人类生命这么复杂的东西，不可能是偶然出现的。

真的吗？我们的身体构造很完美吗？嗯，实际上，我们的某些部分似乎有点儿蠢。尽管我们的身体构造有着这样那样的问题，但我们还活着。"

"人类进化是个自然而然的过程。经过进化，人体构造变得复杂无比，充满美感，引人遐想。这种进化是通过一代又一代的变异慢慢实现的。"

——理查德·道金斯，进化生物学家

你知道吗

人类基因组包含约2万个基因。对于大多数基因的功能，我们几乎一无所知。

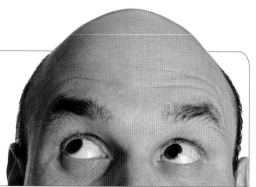

开口笑 ▶ 对话比尔·奈和喜剧人吉姆·加菲根

吉姆：如果存在基因，为什么我有那么多隐性基因？秃顶、视力问题、苍白的皮肤？

比尔：关于进化，有这样一个非凡见解……你只需要足够好。我说的不只是你一个人。我说的是我们所有人。

猩球崛起

人类和猩猩有多相似？

　　人类、猩猩、大猩猩和黑猩猩都是从 1500 万年前的同一个祖先进化而来的。 在行为和思维方式上，这些类人猿与我们有一些相似之处，对此古人类学家伊恩·塔特索尔做出了解释："类人猿可以在镜子中认出自己……它们有公平意识……它们确实会产生依恋之情。它们确实会产生厌恶感。它们有积极和消极的感觉。"

　　看一看以下三种黑猩猩的行为。它们会让你想起你认识的人吗？

黑猩猩看上去很放松，嘴巴微微张开，这表明它对周围的环境总体满意，并且感觉舒适。

黑猩猩互相搏斗，但与此同时，它们睁大眼睛，微微张开嘴巴，这表明它们进行的是一种有趣的互动而不是暴力对抗。

当黑猩猩露出牙齿、瞳孔缩小时，要当心——它一定不愿意见到你。

　　"我当时在想，我要创造一种生物，和人类足够相像，这样当它们像人类那样行动时，会非常有趣。这就是我创造猴子的原因……这就是所有灵长类动物背后的基本原理。猴子很有趣。黑猩猩很有趣。大猩猩很有趣。"

—— @ 老天爷的朋友圈

导览

安迪·瑟金斯如何扮演黑猩猩？

　　安迪·瑟金斯是全球顶尖的动作捕捉演员之一 —— 也就是说，传感器会把他的动作转换为计算机生成的图形。安迪·瑟金斯说，近年来科技有了很大进步，也正因为如此，他得以在电影《猩球崛起》中，扮演我们在进化学上的某个祖先："在拍摄电影《金刚》的时候，我脸上有 132 个微小的球形三维标记，连眼皮上都有……面部捕捉技术正在迅速发展；而用头戴式摄像头来拍摄真正的高清动作参考影像，这项技术也在迅速发展，在运用这项技术时，你的整张脸上都会有标记——这就是我们的技术目前的发展情况。但我认为，在不久的将来，我们就不再需要这些标记了，我们会开发出无标记的光学面部捕捉技术。"

倭黑猩猩是和平主义者，它们通过互相梳理皮毛来建立亲密关系。

猩球崛起

我们能不能和谐共处？

战争可能是人类发明的最糟糕的团体活动。不过，真的是我们发明了战争吗？"当然，有记录表明，有时一伙男性组织起来，入侵其他男性的领地，他们的最终目的显然是接管那些领地，"古人类学家伊恩·塔特索尔博士解释说，"他们流血争斗。他们互相厮杀……他们不擅长投掷，但可以用棍棒互相殴打。"

如果我们愿意，我们甚至可以在进化链上追溯得更远。蚁群发动了大规模的战争；其中有些蚁类把俘虏来的工蚁当奴隶，逼迫它们为胜利者服务。有时那些奴隶蚂蚁会发动起义，杀死它们被迫伺候的蚂蚁。

不过，也有好的一面，倭黑猩猩就能和谐共处，它们集体进食、睡觉，强集体性可是出了名的。它们属于黑猩猩属，也就是说，它们在基因上比其他任何动物都更接近我们人类。

尼安德特人可能曾与我们的智人祖先交战。如果双方真的打过仗，那么他们被打败了。

宇宙之问：灵长类动物的进化

我们更像香蕉还是黑猩猩？

你的 DNA 有一半以上与香蕉的 DNA 相同。从基因上来看，人类和蘑菇之间的相似性，高于二者与任何绿色植物的相似性。实际上，我们有相当比例的遗传物质，与许多不同生物的遗传物质相同。

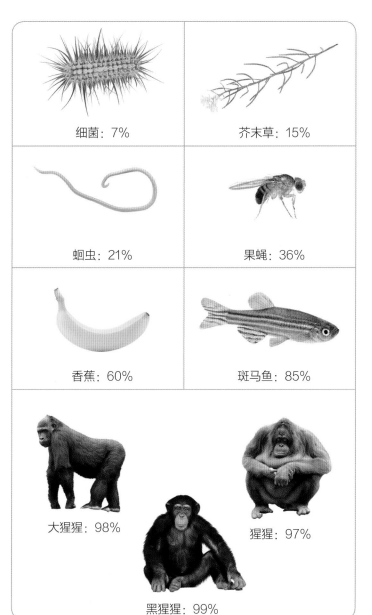

细菌：7%

芥末草：15%

蛔虫：21%

果蝇：36%

香蕉：60%

斑马鱼：85%

大猩猩：98%

猩猩：97%

黑猩猩：99%

人物简介

👓

查理·达尔文为什么这么了不起？

查尔斯·达尔文（1809—1882）出生在一个富裕的英国家庭，他的家人都受过良好教育。他乖乖遵照父母的意愿，学习了医学和宗教。不过，科学才是他的心之所向。大学毕业后，他登上了"小猎犬号"，并作为这艘军舰的博物学家在上面待了近五年，与它一起环游世界。在他回到英国以后，由于他的旅行、收藏和著作，他成了一位受人尊敬的博物学家。达尔文深知发表进化论会引起巨大争议，所以，他对这方面的理论进行了 18 年的研究，却一直没有发表它。最后，他年轻的同事阿尔弗雷德·拉塞尔·华莱士宣布自己创立了类似的理论。两人同时介绍了他们的研究成果，一年之后，达尔文出版了他的开创性著作《物种起源——通过自然选择或在生存竞争中适者生存》。

"真的，他超赞的。看看他的收藏，他还得出了那么了不起的结论，改变了整个世界。一定要对他充满敬意。"

—— 比尔·奈

技术在帮助还是阻碍人类进化？

查尔斯·达尔文最早提出了自然选择进化学说，当时，这个理论还只有雏形。即使基本原理是正确的，达尔文也无法回答他所提出的每个问题——所以，从那时起，科学家们一直在质疑、验证和完善进化论。

如今，这个理论又出现了有待商榷之处。有些人在前几年是无法存活的，

比尔·奈讲道，因为有了医学技术，他和他的DNA仍然能够为人类进化做出贡献："有人拿走了我的阑尾；但我还活着。我还可以有小孩，做些事情。"

但随着医学、农业、计算机等各方面的进步，他们现在可以正常生活，并且能有后代传递自己的DNA。按照达尔文的定义，这种"人工"技术实际上等于"自然"选择——物种可以通过这种方式适者生存，而且，这种自然选择不需要经过几百代人，有时它在不到一代人的时间里就可以完成。

我们生存和繁殖的能力迅速提高，这是否阻碍了我们在生物学层面的进化？在经过许多代之后，我们才能得出确切的答案。但是，就目前而言，人类人口和预期寿命都在迅速增加，从生物学层面来看，这意味着进化上的成功。

人类进化的阶段。下一步会是怎样的？

伊恩·塔特索尔博士：
有很多药物都会破坏你的DNA。但没有什么药物可以提高智力。

尤金·米尔曼：
所以DNA很容易遭到破坏，但成为超人却很难？那好吧。人不可能什么都拥有。

想一想 ▶ 我们正在进化为后人类吗？

"当然，我们会对生物学进行修改……当生物学成为一种信息技术时，我们会掌握生物学的那些信息过程，而且，我们基本可以在生命的画布上重新编程。我们可以进行升级……我们可以把自己变成后人类。后人类更加有趣，而且，我们现在受到的限制，可能并不会对后人类造成影响。"

——杰森·席尔瓦，未来学家

打包去火星

会不会出现新的人类？

新的物种不断被创造出来。只需在新环境中隔离某个现有物种的繁殖种群，我们就可以等待自然选择造成遗传变异。"如果你在火星上建立了一个人类居住地，而且，一千代以来，那儿的人都没有与地球人接触，那么他们可能——也许这正是你想要的——会变成另一种具有不同特性的物种，这些特性会让他们在那个地方活下来，"尼尔解释说，"那样会很有趣的。"

有趣是有趣，但也存在问题——至少按查克·尼斯的说法："会出问题的，特别是当他们返回地球征服我们地球人时。"

"那太糟糕了，"迈克·马西米诺博士表示赞同，"不要告诉他们任何返回的办法。我们只需要把他们送到那里，让他们给我们发送视频就可以了。"

在科幻电视剧《苍穹浩瀚》中，火星上的一个人类居住地策划了对地球的战争。

开口笑 ▶ **对话喜剧人吉姆·加菲根**

尼尔和几位来宾正在讨论，如果要对人类进行基因改造，我们可以取得怎样的成果。大家都同意，我们可以造出一些杰出的音乐家。"不过，你造出的每个音乐家，都需要配备许多个咖啡师（编者注：巴赫、贝多芬等众多音乐家都痴迷咖啡），是这样吗？"吉姆·加菲根说。

"松露和桃子的价格比是 1500:1。哪一个更好呢？松露更珍稀也更昂贵，但和熟透了的当季桃子或是梨相比，它真的更美味吗？"

—— 安东尼·波登

第二节

美食——人类生活的调味品

食物！美好的食物！几千年的种植、饲养和烹饪为我们留下了美味佳肴。常见的调料有几十种，食材有一百种。通过练习，我们都能在需要的时候，做出自己想吃的东西。事实上，我们生产的食物已经够所有人吃了，而且产量还在继续上升。在几乎整个人类史上，营养的获取都是一场生死攸关的斗争。如今，我们中越来越多的人饮食过量，以至于对健康造成了影响。在某种程度上，这是因为我们对糖、盐和脂肪的古老渴望，此外，在科学研发的过程中还有商业利益介入。值得庆幸的是，要避免日常生活中暴食带来的不良影响，我们可以做的很多，而且，我们仍然可以在家里和旅途中好吃好喝。所以吃喝玩乐吧！不过不要太过分——因为明天，我们还会有机会再次进食。

各种调料中是否蕴藏着
食品科学？

关于盐你需要了解的一切

古罗马士兵的军饷是盐——所以，英语中"薪水"一词起源于"盐"。虽然，如今盐很便宜，但它依然具有强大的功效。盐可以保存食物、调味，它塑造了我们的社会——也塑造了我们的身体。

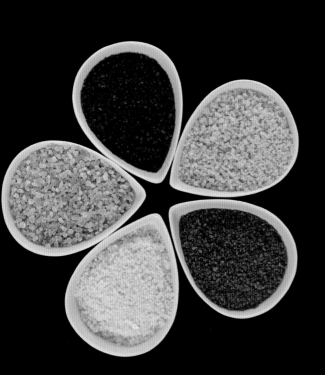

|||||||

◀ 是什么让食盐变得五颜六色？

"直到现代，制盐者的目标依然是清除所有杂质，尽可能让盐变成白色……其他各种颜色都是杂质。"

——马克·科兰斯基，《盐：世界历史》作者

|||||||

▶ 盐有多少种用途？

"美国是世界上最大的盐生产国和消费国……你猜怎么着？其中只有8%用于食物……据说盐有14000种用途。"

——尼尔·德格拉斯·泰森博士，太空"盐学"家

||||||||

▲ 尼尔是怎么让西兰花保持绿色的？

"在煮蔬菜时加一点盐，可以让西兰花保持鲜亮和翠绿的颜色，而不会像罐装蔬菜那样暗淡。"

——尼尔·德格拉斯·泰森博士，太空"西兰花"专家

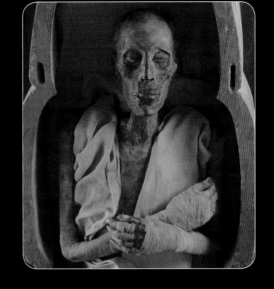

||||||||

▲ 盐真的能杀死你吗？

一次性摄入过量的盐会导致癫痫和死亡。不过，这种情况非常罕见——你得吃掉几杯盐，才会发生这种情况。每天多摄入一点盐——例如0.03盎司或约1000毫克——是种更隐蔽的危险。

思维延伸
你对得起你的盐吗？

古人把盐当作高价值商品，到了今天，我们的语言仍然体现了这种古老观念，例如英语中有"对得起你的盐"（意即称职）这个说法。"整个食品贸易基本都取决于盐，"《盐：世界历史》的作者马克·科兰斯基说，"在前工业社会，盐占据了贸易相当重要的一部分。因此，毫不夸张地说，没有盐就没有国际经济。"

在西欧历史上，盐的价值由来已久。不仅如此，"早在三四千年前，在美国西南部的普韦布洛，人们也经常反复用这种商品做交易……直到今天，霍皮人仍然会为盐展开朝圣之旅。"人类学家彼得·怀特利博士说。

[酒的智慧]

酵母菌怎么了——它真的还活着吗？

酵母菌是单细胞真菌生物，它和我们一样，吸收糖分并释放二氧化碳。它还会产生副产物酒精。因此，要是我们希望食物里有气体或酒，酵母菌是我们的首选成分。"如果让大自然自己发挥作用，那么，酵母菌的种类就算没有几百万种，也有几千种，就像人一样——我们都有着不同的行为模式、不同的长相、不同的体味，"顶级葡萄酒大师詹妮弗·西蒙内蒂－布莱恩解释说，"所以，当所有这些元素同时起作用，产生不同的东西，形成某种复杂性，葡萄酒也就有了不同层次的口感——我们称之为葡萄酒的'复杂性'。"

"这时，酵母菌死在自己的排泄物里了，"尼尔补充说，"这就是酿酒完全指南。"

在正常情况下，许多种酵母菌都对人体无害。所以，多亏了酵母菌，我们才能享用葡萄酒、啤酒和威士忌，更不用说面包、克菲尔酸奶、泡菜、味噌，等等。

橡木桶让发酵酒更具风味。

"香草是个味道天才。人们说香草很没劲。我说：'你在开玩笑吧？'香草很完美。这是一种完美的味道……如果你想要薄荷巧克力片或者薄荷棒，请自便。我更想要香草。"

—— 香草专家比尔·奈

想一想 ▶ 美味还是致命？

"全天然成分"食品并不总是完全健康的。许多植物产生的毒素可以很快杀死我们——不过，这也是我们许多药物和调料的来源。尼古丁、咖啡因、肉桂和香草都是强力杀虫剂。"植物无法逃走，所以它们释放出一些东西，保护自己免受昆虫或食草动物侵害，而我们……已经找到了利用这些东西为我们谋福利的办法。"生物学家马克·西达尔博士说。

风土是什么？我为什么要关心它？

大多数人都认为葡萄的种植环境至关重要。"法语里有个术语叫作风土，它指的是葡萄藤及其果实生长的环境，而葡萄的口感正是受到了环境的影响，"顶级葡萄酒大师詹妮弗·西蒙内蒂－布莱恩说，"关于风土，人们有不同的定义，但无论如何，它都是葡萄酒口感的决定性因素。"

不过，风土实际上有多重要呢？打开酒瓶后，还会有很多步骤，它们最终会对葡萄酒的口感产生更大的影响。"你知道为了让葡萄酒'呼吸'，人们会怎么醒酒吗？"尼尔问道，"烹饪实验室的创始人内森·梅尔沃德取来酒，把它倒进搅拌器里。他把这些酒拿给专业品酒师，经过搅拌器的处理，这些酒的口感比原来更好了。这时，他告诉品酒师们，他曾把这些酒放在搅拌器里，突然之间，他们都不喜欢这种酒了。"

意大利托斯卡纳的葡萄园。

口味偏好是后天养成的吗？

英国消费者品尝了沃尔克斯薯片的各种奇怪口味，并投票选出了他们的最爱。

厨师安东尼·波登分享了他是如何享受全球美食的："很久以前，当我放眼世界、观察其他人的饮食时，我就不再使用'怪异'这样的字眼了。其他国家、其他文化需要各种口味的饮食，这是理所当然的。菲律宾食物大多带有苦味，我们几乎本能地不喜欢。他们把胆汁放进菜肴中，这些菜肴就有了特有的苦味。

"在有些文化中，例如斯堪的纳维亚文化，食物只有很少的几种口味——按照这些地方的传统，他们的调料很少，鲜鱼却很多，也许还有些腌鱼。南太平洋文化也是如此，那里有各种各样的甜鲜鱼，咸鱼和辣鱼却不多。还有种让食物腐烂的传统，例如发酵鱼，我们会觉得它们臭气熏天。我认为，人们让鱼发酵纯属无聊。值得注意的是，我们西方社会过去经常这么做。在古罗马时期，有一种叫作鱼酱的调料，它实际上是腐烂的鱼肠和鱼酱；这就是当时的'盐'，也是整个欧洲的主要调料。由此可见，我们自己的口味偏好也发生了变化。"

想一想 ▶ 糖果能让你变得更聪明吗？

马伊姆·拜力克博士：这是个动机问题，倒不一定是综合能力、认知力或技能的问题。事实上，不管你想学点儿什么，糖果都可以让一切变得更好，因为它是非常强大的动力。

希瑟·柏林博士：糖果不一定会让你的数学更好，但有可能激励你，让你学习更长时间。

太少还是太多？

全世界有几十亿人没有足够的食物，但美国人仍然在发胖。唉，其他许多地区也走上了我们的老路。人们手头有了一点儿钱，就开始吃得更多。他们像我们一样暴饮暴食，开始增重，并患上 2 型糖尿病，事情就是这样。《食品政治》作者玛丽恩·内斯特尔博士说："这种现象甚至有个名字，叫作'营养转型'。"

▶ 我怎么知道什么时候该停止？

"我们有大约一百种生理因素鼓励我们多吃，"内斯特尔博士解释说，"当我们对所处环境不太满意时，我们的生理机能更容易对我们说，'吃，吃，吃。你的肚子饿了——你最好快点儿把葡萄糖输送到大脑'，却不容易告诉我们应该什么时候停止进食。"

▶ 在非工业国家，为什么素食主义者更健康？

"我最喜欢的统计数据之一是，非工业文化中的素食主义者似乎比工业文化中的素食主义者健康得多，"厨师安东尼·波登说，"显然，在非工业文化中，水稻里昆虫残肢和尸体数量要多得多，所以，这些水稻基本上能获得更多的动物蛋白。顺便说一下，它们（虫子）的蛋白质含量很高。"

▶ 肥胖症给美国造成了多少损失？

内斯特尔博士提供了一个数字："有人估计——我不知道这个数字有多准确——体重超标每年给美国造成 1900 亿美元的损失。"

"用这笔钱你可以去两次火星。"尼尔补充道。

一席之地 对话安东尼·波登

食品工业正在杀死我们吗？

自古以来，人们就卖东西给别人，不管这些东西是否有益、是否必需。厨师安东尼·波登说，你每天都在超市的过道上看到这种现象："其弊端在于，有些有钱有势的大公司可能会为了经济利益，诱使你继续糟糕的饮食习惯，暴饮暴食。和任何一家公司一样，他们会继续投入大量金钱，好让你继续购买他们的产品。其中许多产品对任何类型的饮食来说，都不是理想的主食。"

有时候，公众可以窥见到底发生了什么。回想一下"粉红肉渣"引起的争议吧。波登解释说："根据规定，粉红肉渣不是食品成分。它是一个加工过程，通过这个过程，牛肉制品公司可以购买牛肉的边角料，这些边角料在过去是要被丢弃的……'因为它们可能'含有大肠杆菌……就我的理解，把这些边角料基本蒸透，搅拌成带有小块脂肪的肉泥，然后把氨蒸汽混合到肉泥中，对其进行加工处理，这样就可以降低大肠杆菌存在的可能性。"

回归基础

桃子的精华是什么？

多年以来，在食品公司实验室的秘密基地，科学家一直试图分离、重新创造我们所知道的食物的口感、气味和质地。软奶酪、果冻、菓珍等人造食品渗透着现代饮食文化。那么，可食用工程的高阶版本——分子食物运动又是什么情况呢？

"分子食物运动以新的方式处理食材，"厨师安东尼·波登说，"它把现有的食材加工成不同寻常的形式……诱使人们吃掉外观不像草莓的草莓、外观和口感像鱼子酱的苹果……这不是化学课，但看起来确实像实验室。"

臭名昭著的"粉红肉渣"牛肉。

"麦当劳和其他零售店说：'我们不会再使用它们了。'——这并不意味着他们是好人。他们的眼光很长远，看到'这些东西会给我们埋下祸根'。"

—— 厨师安东尼·波登谈餐厅使用"粉红肉渣"

一席之地 对话安东尼·波登

如何避免在旅行时生病？

在旅行时尝试各种可能遇到的异国美食，这很诱人。很多时候，人们几乎无法抗拒街头的小吃摊。但是，不管怎样，你最好还是吃洗净、煮熟的食物。哪怕这样做可能会扫兴，让你无法尽情尝试最诱人的当地美食，但如果把食物中的有害微生物杀死，你往往会更健康。

安东尼·波登提出了这样一些建议，足以拯救你的胃。他多次出入于街头小摊，根据自身经验，他知道了哪些事情是不该做的：

> "烹饪确实创造了食品安全的奇迹……在水很脏的地方吃熟食会好得多。"
> —— 玛丽恩·内斯特尔博士，《食品政治》作者

▶ 1. "不管你走到哪儿，都要采取合理的谨慎态度，就像你在美国乡村旅行时一样。"

▶ 2. "经常问自己，这是正常人的饮食方式吗？这个地方人多不多？"

▶ 3. "如果你意识到，这个地区受到禽流感的困扰，那么品尝没煮熟的家禽可能不是个好主意……你必须考虑这些问题。如果这个地区有疯牛病，那么，你就不会把小酒馆里的牛脑当作首选。"

▶ 4. "只是常识。在异国他乡，如果人们没有从水龙头直接接水喝，也许你也不该这么做。"

> "我认为人们吃河豚寿司是因为这样做可能会致死……河豚毒素有毒……令人惊讶的是，它不会影响你的心脏，所以你可以在死亡时保持清醒的意识。"
> —— 马克·西达尔博士，生物学家

"我要么去科学、工程学学校，要么去艺术学校……对我来说，这些领域需要的创造力和想象力似乎没什么不同。我认为，它们是一样的。"

—— 大卫·拜恩，音乐家

第三节

创造力从哪里来？

1930 年，阿尔伯特·爱因斯坦写道，想探索未知事物的冲动"是所有真正的艺术和科学的源泉"。这种冲动来自何方？科学家还没有搞明白。也许它深植于多种突触结构——脑细胞之间的空隙和连接。也许它和我们自身并无关联——它是神圣的火花或者突然浮现的念头。又或者，它藏在我们的梦里，等待我们入睡，以便把自己好好地安置在大脑这个圆形文件夹中。那该多有趣啊！

爱因斯坦大概是 20 世纪最有创造力的人，他几乎不能算是"正常"人——也正因为如此，世界变得更好。再说，做个正常人意味着什么呢？如果我们有充分的自知之明，能够抛弃成见，不再用某些特征去定义正常人，那么在意想不到的方向，可能会冒出发现和创造的全新领域。当然，这听起来对我们所有人都好——事实也正是如此。

孩子们不受束缚的想象力
激发了他们的创造力。

E=MC²

X
4cm
5cm

布鲁克林音乐学院的超级大脑

创造力的神经基础是什么？

从生物学的角度来看，创造力对于人类生存至关重要。如果我们遇到某种危及生命的情况，而它却是我们见所未见、闻所未闻的，这时我们需要立即制定解决方案。在我们处于逃跑或战斗模式时，我们人类依靠创造力做到上面这一点。

因此，我们的大脑肯定形成了某种专门支持创造性活动的线路。那么，它是怎么工作的呢？让神经学家希瑟·柏林博士来解释这个问题吧："我们发现，不管是爵士即兴表演还是喜剧即兴表演，当人们即兴表演时，大脑中会出现某种神经信号。你可以把人们放在扫描仪里，再提供一段他们熟记的说唱音乐，他们就能即兴说唱了。你也可以向音乐家提供他们熟记的片段，让他们即兴表演。当他们即兴表演时……内侧前额叶皮层部分变得异常活跃，这与他们脑海中产生的想法有关。与此同时，背外侧前额叶皮层部分变得迟钝，这在一定程度上与自我意识和行为监督有关。这时，你几乎进入了自由挥洒的状态。要是你的自我意识太强烈，你就会陷入困境，就会不擅长即兴表演。可以这么说，你必须浑然忘我。"

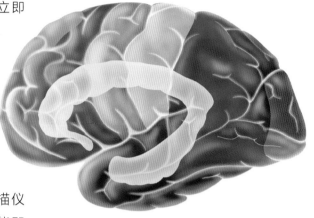

大脑压抑自我意识，以便激发纯粹的即兴创作。

"上大学的时候，我写了一篇有关笑的生理机制的论文。它完全是谬论的，但我写出了短促响亮的笑声。"

——尤金·米尔曼，喜剧人

想一想 ▶ 天赋是与生俱来的吗？

真正的天才无疑是存在的。有些人可以做到我们其他人做不到的事情，不管我们有多努力。不过，许多人认为，光有天赋是不够的——或者说，天赋无关紧要。他们认为，时间、练习和经验才是关键。作家马尔科姆·格拉德威尔说："我们所说的莫扎特的天分，是他当了十四五年作曲家以后产生的东西，这种想法很有意义，发人深省。"

你脑子出问题了？

不过我将会弹钢琴？

灵感从哪里来，这很重要吗？神经学家、作家奥利弗·萨克斯博士讲了他一个熟人的故事，这个人被闪电击中过，差点儿没死掉，在那以后，他忽然有了新的人格特质："大约三个星期后，他在情绪和音乐方面发生了奇怪的变化。他以前一直对音乐不感兴趣，这时却突然对古典音乐产生了热情。他先是听古典音乐，接着开始演奏，再后来他想要作曲。整件事显得十分神秘。他有种感觉，老天确实降下了雷电，但也安排了他的复活，他现在的使命是把音乐带给世界。

"这个人对此做出了超自然的解释。不过，他并非不懂科学——实际上，他也有神经学博士学位。作为神经学家，我想从神经学的角度来看待问题，同时又不贬低他的经历，让他感觉不舒服。我说：'你知道，我敢肯定这是你的亲身经历，你也真的相信这件事。不过，你允许自己身上发生这种事情吗？例如，超自然干预的力量可以操纵现有的神经系统结构？'他说：'是的，我允许。'"

"表演、戏剧和讲故事是种神秘的机制……这对演员来说也是一个谜。"

—— 艾伦·里克曼，演员

你知道吗

通常情况下，一个人有大约 900 亿个脑细胞，其中 20% 到 25% 位于大脑皮层中。大脑皮层控制着语言和意识。

 对话

你为什么要接受手术？

人们想要进行新的尝试，或者让自己变得更完美，这样做的动机有很多。哪个动机更重要呢？

 这个问题问得好，问到了……吸引我们前进的动力。

马尔科姆·格拉德威尔

我们之所以做一些事情，是因为它们很难，而不是因为它们很容易。

 尼尔

 所以我才给人做手术。我认为自己并不擅长，但我尽力了。

尤金·米尔曼

你总是做得很棒。多谢你给我做了准分子激光手术。

 韦恩·辛历克

布鲁克林音乐学院的超级大脑

我怎么知道我有意识？

17 世纪理性主义哲学家勒内·笛卡尔认为，"我存在"这个想法一定是正确的，因为它无可辩驳：我思故我在。21世纪的科学研究者在探究意识与认知之间的联系时，希望能够得出更加深入的结论。"我们可以把意识简单地定义为第一人称视角的主观体验，"神经学家希瑟·柏林博士解释说，"所以，只有你知道自己拥有它。我不知道你的意识是怎样的，我只能通过我的内在体验来了解我自己的意识。意识是如何与大脑联系在一起的？我们正在试着弄清这个问题。意识不同于自我认知。所以，你可以在自我认知缺失的情况下保有意识……比方说，婴儿。他们可以有意识，也就是说，他们有初始感觉，像是看到红色，感受到柔软的东西，或者闻到玫瑰的气味——但他们并没有自我认知或是元认知，不会去思考别的想法，也不会意识到'这些想法是属于我的'……有些分离性障碍患者失去了自我认知，但还是有意识的。"

尤金·米尔曼换了个说法来解释这个问题："所以你的意思是，婴儿可以听到布鲁斯·斯普林斯汀的音乐，却不知道自己为什么这么开心。"

晚间饮品

大脑冻结

这款冰爽的鸡尾酒由尼尔·德格拉斯·泰森博士和布鲁克林音乐学院酒保布莱恩·庞斯调制。

2 盎司伏特加
一点橙皮甜酒
一点柠檬汁
一点蔓越莓汁
一点菠萝汁
冰

往平底玻璃杯里加入 2/3 的冰；加入其他所有原料。

把饮料摇匀，然后滤入马提尼酒杯中。

因为宇宙中没有绿色星星，所以我们用一片酸橙做装饰，向整个太空致敬。

想一想 ▶ 为什么会有似曾相识的感觉？

"这个概念是这样的：到达同一个目的地的路径有很多，有时候，你触发的路径让你有似曾相识的感觉，这是因为在以前，你激活过一条多余的路径……它会让你感觉到'我以前做过这件事'。而你的大脑就认为它真的做过了。"

——马伊姆·拜力克博士

每年有将近 6000 万美国人
受到睡眠障碍的影响。

我为什么要睡觉？为什么我不能永远保持清醒？

真的吗？8 个小时？"为什么我们非得睡觉？这真是浪费时间，"太空"打盹儿"专家尼尔·德格拉斯·泰森博士抱怨说，"要是有个外星人来到地球，和你相谈甚欢，而你不得不说：'对不起，接下来我得睡上 8 个小时；我会再跟你联系的。'外星人会很好奇你这是怎么了。"

"为什么要睡觉？"科学家们也对这个问题很着迷。神经学家希瑟·柏林博士是这样回答的："大多数神经学方面的证据都指向了这个最新理论——睡觉是大脑进行自我清理的一种方式。在白天，您会接受所有这些刺激，但对你的大脑来说，每天把这些刺激整合在一起几乎是不可能的——要是这样的话，它会变得杂乱无章。所以到了晚上，大脑会进行清理。对于它想保留的信息，它会加深印象。科学家们观察了被剥夺了睡眠的人，发现不睡觉会引发各种问题。像阿尔兹海默症，就可能与睡眠不足有关。"

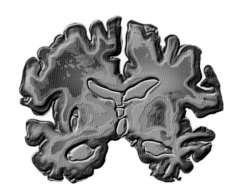

受到阿尔兹海默症影响的大脑，其横切面显示出严重的脑部退化。

为什么精神疾病会持续存在？

人脑极其复杂，各个部分紧密相连，以至于当它出现问题时，很难找出确切的原因——要想解决问题，那更是难上加难。

在一定程度上，治疗精神疾病的难点在于辨别。就精神状况而言，什么是正常表现？什么是疾病？"没有正常表现这回事，"神经学家希瑟·柏林博士说，"不过，确实有研究表明，在所有疾病中，精神疾病最让人痛苦。因为人们虽然不会死于精神疾病，但他们会受尽折磨。"

> 通常情况下，他们有孩子，而且把可能会导致精神疾病的基因传递给了孩子。这个话题真让人难过。
>
> —— 马伊姆·拜力克博士，神经学家

不管正确与否，社会普遍认为，异于常人、情绪不定的特质与韧性、天赋存在关联。当然，压制创造力或思想、行动的多样性并不符合社会的最大利益。"这种事情肯定是存在的，"柏林博士说，"例如，寻求刺激，顺应内心的冲动。多亏有这种特质，人们才发现了美洲，对吗？"

不过，不管出于什么原因，如果精神疾病没有得到正确的诊断，其后果都是悲惨的。

治疗精神疾病会面临一大障碍，这就是疾病带来的社会耻辱感。

布鲁克林音乐学院的超级大脑

有趣还是古怪？

在电视情景喜剧《生活大爆炸》中，神经学家马伊姆·拜力克扮演了艾米。这个角色在面对剧里的其他怪咖时，常常有种古怪的幽默感。也正因为扮演了这个角色，马伊姆·拜力克声名大噪。那么，她会怎么回答这个问题呢？

"从理论上讲，我们这部剧所有的主要角色都有精神疾病……值得注意的是，我们不觉得这些角色有病，这一点让我觉得很有趣，也很友善。我们没说要让他们接受药物治疗，也没说要真正改变他们……这些人可能会遭到戏弄和嘲笑，别人可能会告诉他们：永远不会有人欣赏他们，也不会有人爱他们……他们拥有成功的事业，活跃的社交生活。但他们也有亲情、友情和爱情，过着充实而满足的生活。"

尼尔和《生活大爆炸》里的角色一拍即合。

回归基础

什么是学者综合征？

学者综合征是一种心理状况，你可能会以一种或多种重要形式出现精神障碍，不过，你的某些认知功能依然可以超乎常人。你听说的最常见的"学者"就像一本行走的日历：你随便说个过去的日期，他们可以告诉你那是星期几。数学"学者"可以在脑海里迅速而完美地进行某些计算。音乐"学者"也许能不看乐谱，完美演绎贝多芬的奏鸣曲。尽管半数情况下，患有学者综合征的人同时患有自闭症，但科学家还不太了解它是怎么出现的，也不太了解它为什么会出现。

想一想 ▶ **视觉化思维是什么？**

坦普·葛兰汀博士是著名动物学家、自闭症活动家，她已被正式诊断出患有自闭症。她解释说，她那种图像思维，正是患有自闭症的大脑与普通大脑的区别之一。通过这种思维方式，她"钻进了牛的脑袋"，注意到它们有多害怕阴影和反射，而其他人都忽视了这一点。她说："我的思维有点像谷歌图片。"

有没有关于喜剧的科学？

这个问题，尼尔几乎问过所有做客《星际奇谈》的喜剧演员。尽管他们可能无法得出一个统一的公式，但他们每个人都很重视这门手艺，而且采用了属于自己的科学方法。除了琼·里弗斯……你可以自己读读她的话。

"喜剧都与数学有关。只要有合适的单词量就可以了……有了合适的单词量，笑话可以讲得很完美。一旦你达到这个效果，就算大功告成了。你讲了这个笑话，然后再讲下一个。"

——拉里·威尔默

"在情景喜剧领域，你会发现更多的结构和科学，因为情景喜剧的流程是这样的：铺垫——渲染——抛出笑点。整个过程是程式化的。喜剧小品不那么程式化：它们更加荒诞。你永远也无法真正确定结局，所以，你也不会意识到剧情被推到了高潮，然后……是出乎意料的平淡，最后在高潮中结束……喜剧小品时间更短……当然，'第二城'喜剧团的即兴表演有着最纯正的表演形式。他们的表演就像水银在桌子上滚动，分裂成一个个小球。情景喜剧或电影更像结构严密的分子图像，实际上，你是在设计和限定表演的形式和内容。"

——丹·阿克罗伊德

"讲笑话是一门科学。你会发现这样一件事……铺垫的时间越长，就越难达到效果。所以，铺垫的时间越短，效果就越理想。要是这个笑话很有趣，情况就是这样。"

——查克·尼斯

"多年来，阿尔·吉恩一直在制作《辛普森一家》……对他来说，喜剧就像数学。脚本就像他推导出来的算法，而且达到了理想的效果。"

"我觉得单口相声的方法很科学……你上台演出，试着讲一些段子。要是有效的话，你就保留它们；要是达不到效果，你就把它们删掉。"

"就我个人而言，作为一名演员和科学家，我知道的是，我们一直在进行观察，跟踪效果……这是一个非常复杂的过程，通过这个过程，我要让你感受到一些东西，我要让你相信一些东西，而且我要每个人都能感受到这些东西。所以，如果你是个单口相声演员，你就要在装满人的房间里工作。当我面对现场观众展开工作时，我需要每个人都有所感受。这是一个非常复杂的互动。"

—— 马伊姆·拜力克

"要是一个人认为自己可以把喜剧简化为二进制语言，那他就无法做出很棒的喜剧。话虽如此……当你改写小品时，通过反复的实验和失误，你可以说：'嘿，作为一个看过 500 场小品的人，我告诉你这行得通。'……进行实验、得出结论、跟踪效果，这些在喜剧里确实存在，但并不是绝对的规则。"

—— 塞斯·梅耶斯

"喜剧是不可控的，因为你可能会觉得某个东西很有趣，但其他人并不这么觉得。几何学却是可控的：几加几等于几……这是你没法改变的，我也改变不了，就是这样……喜剧不是几何。这不是一门科学。没有关于喜剧的科学。那些试图进行喜剧教学的人，我感觉他们太残忍了。"

—— 琼·里弗斯

开口笑 ▶ 对话乔恩·斯图尔特

尼尔问演员、喜剧人乔恩·斯图尔特，在元素周期表里他最喜欢哪种元素。他回答说："啊，我超爱碳。在元素周期表里，我最爱。"为什么是它呢？答案很简单。乔恩说："它可以跟任何东西结合。"

表情符号是表达情感的捷径。

对话艾伦·里克曼

好吧，告诉我：那让你感觉如何？

科学家将情感分为七个不同的类别：

▶ **快乐** 科学家们认为，喜悦是快乐的基本组成部分。不管是在哪个社会和文化群体中，喜悦的面部表情都很好辨认。

▶ **悲伤** 悲痛是指失去或痛苦所导致的精神折磨，它加剧了悲伤。根据程度的不同，悲伤可以分为失望、心痛、绝望。

▶ **愤怒** 当人们发现某种不正当的行为时，通常会产生这种不满情绪。

▶ **惊喜** 情绪的突然性是惊喜的基本要素。

▶ **恐惧** 人们在纠结"战斗还是逃跑"时受情绪影响，会释放大量肾上腺素，心率、血压、力量、速度和感觉敏锐度都会马上提高。

▶ **厌恶** 当我们看见厌恶的事物时，会眯着眼睛，皱着鼻子，上唇提起，下唇放松。

▶ **鄙视** 鄙视可能是愤怒和厌恶的结合体，是针对地位较低的对象的。

"有趣的是，当你研究各种文化中的面部表情，你会发现它们表达感情的方式非常相像。在两种文化中，愤怒的人看起来都一样。"

——尼尔·德格拉斯·泰森博士，太空"怒气"专家

想一想 ▶ 一个好笑话能带你走多远？

考虑到无线电波的速度，再加上我们与其他恒星之间的遥远距离，今天广播的一切都以每年近6万亿英里的速度从地球向外移动。天文学家、艺术家卡特·埃玛特说："要是你今晚停在大角星旁边，你会听到40年前的广播或电视节目。"因此，从现在开始，你最好确保你的笑话值得一听。

浴室歌手会利用最好的声学效果。

音乐的科学 对话乔什·格罗班

为什么在浴室里，我们唱歌都很好听？

由于浴室的声学特性，任何人在里面唱歌，声音反射效果都会达到极佳的状态，就像你唱的每一个音符都有 6 种回音一样。"浴室的混响效果棒极了，"音乐家乔什·格罗班说，"那就像是卡拉 OK 的混响。谁在浴室唱歌都好听。"

不过，在浴室唱歌好听，不止这一个原因。水喷射出来的声音会形成白噪音屏障，掩盖了走调的音符和刺耳的声音频率，只有歌手最漂亮的主音才能穿透这道屏障。（透过音乐教室的门聆听学校的合唱，也会有类似的效果。）

此外，还有另一个因素需要考虑进去——心理因素。浴室充满了噪音，你听不到外界的声音，外界似乎也听不到你的声音。这样一来，歌手就会抛开束缚。声乐老师会证实，只要不自认为五音不全，唱歌时更加自信，每个人的声音都会更好听。也就是说，你不是唯一一个觉得自己在浴室唱歌更好听的人。

"在浴室时，人人唱歌都很好听。浴室里要么没有歌声，有就是天籁之音。"

——乔什·格罗班

> "我认为最伟大的艺术可以让你走近它，说'这对我很重要'，不管艺术家有何感想。"
>
> —— 尼尔·德格拉斯·泰森博士，太空艺术家

`创造力的科学  对话大卫·拜恩`

艺术有没有从科学中获得灵感？

科学是人类所做出的重大努力，我们通过科学来探索未知。艺术总是从科学中获得灵感，以后也会一直如此。科学和艺术之间的联系是双向的：如今的发明里，有多少最早是由科幻小说、电影或电视节目构思出来的？

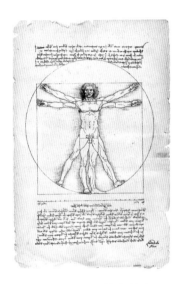

达·芬奇的数学艺术

把这个问题变一下：我们能不能把纯科学原理应用在"没有灵魂"的系统上，进而创造出艺术品呢？例如，我们能不能通过计算机编程来创作音乐呢？电子作曲家大卫·科普博士是这样认为的："1980年左右，有人编写了第一个声名狼藉的计算机程序。这个程序名叫'音乐智力实验'，而且……它有一个数据库，里面以古典作曲家的音乐为主（因为他们已经死了，就算这个程序模仿了他们的风格，他们也没法起诉）……它还能分析音乐，并且试着创造一种全新的音乐风格。"

导览

科学与艺术能不能携手并进，实现更伟大的创新？

> "人们真正喜欢做的是什么，真正想做的是什么，要是有谁把这两个问题搞明白了，他们就可以研发出很棒的技术。"
> —— 克莱夫·汤普森，《比你想象的聪明》
> 作者

在大学毕业典礼上，苹果公司联合创始人史蒂夫·乔布斯称赞了大学的书法课，因为他在第一台Mac计算机上的革新，受到了书法课的启发。

"我依然像艺术家一样思考，"推特的联合创始人比兹·斯通说，"在我设计系统时，我要考虑它会给用户带来怎样的感受，这些用户又会让别人产生怎样的感受。"

想一想 ▶ 科学是你的缪斯女神吗？

Wu-Tang Clan联合创始人GZA告诉我们："如果我用'新星'这个词，我将要谈论的是恒星——一般的说唱歌手跟我不一样，他们谈论的可能是汽车。"当然，有关宇宙的看法都能激发艺术表达，不管它们是否具有科学性。音乐家大卫·克罗斯比说："当一个人在晴朗的夜晚出门……而且他得喜欢星星……只有这时，宇宙的奇迹才会发生在他身上……我想表达的就是这样一个瞬间。"

哪里是艺术的栖身之处？

也许，艺术表达并不存在于大脑的某个特定区域。实际上，推动艺术发展的人类创造力可以跨越区域，到达那个无形的目的地。

"我们是某种宏大事物的一部分，"艺术家彼得·马克斯说，"我们不知道的东西要比我们已知的多得多，所以才会有科学，有科学的奥秘……通过沉思，我能变得非常平和安静，但是当我观察宇宙时，我会兴奋不已，所以，平和与宇宙之间的地带就是艺术的栖息地。"

那么创造艺术的计算机呢？尼尔不确定我们是否已经达到了这种技术水平："我个人的

"你需要一台会伤心的计算机。"

——查克·尼斯

看法是，计算机还不知道怎样体会情感。没有情感的艺术算什么？……如果这台计算机只是按照算法打出来一些音符，我不知道它能不能达到与人类相同的高度。"

哲学家伊曼努尔·康德说，当人们体会到美的时候，并非出自实用目的；这对我们来说是个机会，我们能看到宇宙中可能存在的崇高、优美之物，为它们本身而赞叹，而不去考虑我们自己的利益。对康德来说，艺术存在于世俗与崇高之间的动态空间，并为二者架起了一座桥梁。艺术也沟通了计算机与情感吗？抑或沟通了和平与宇宙？

在艺术家手中，油画颜料超越了它原有的形式。

"说到玩游戏，我们不觉得有必要在孩子和成人之间划分界限。孩子们在冒险，在进行小小的实验，他们通过这些来了解自己的世界。"

—— 杰米·海纳曼

第四节

一起来玩个游戏吧？

假设我们现在所做的一切并不能持久——我们会从现实世界抽离片刻，并且不用为自己的行为负责。这听起来怎么样？

对不起，恐怕我们做不到。如今，一切都是真实的，就连虚拟世界也是如此；我们再也无法分辨真实与虚构。技术正在混淆人工与自然。我们最喜欢的运动变得过于残酷，以至于我们无法参加。

好吧，既然这样，让我们在现实生活中玩耍吧。当我们探索宇宙是如何运转的，我们会享受到不少乐趣。我们会通过视频游戏来提升社交技能。当全速运行的汽车与我们擦肩而过时，我们会观察科学是怎么起作用的。我们会感受到金属价格的不断波动。我们还会见证娱乐媒体如何把世界变得更美好。让我们出发吧！

电子游戏提供了
无限的虚拟娱乐。

网络游戏可能会模拟
现实中的暴力行为。

迈向新高度：电子游戏的科学

电子游戏会让人变得暴力吗？

自古以来，人们就设计了游戏和运动，用来训练儿童，让他们学会如何在现实世界生活。这种现象可能源于动物界，在那里，老虎和狼的幼崽都要接受捕食训练。和过去的游戏相比，今天的游戏真的大不相同吗？《模拟人生》的设计师威尔·赖特说："有趣的是，在视频游戏还没有出现时，孩子们经常扮演牛仔和印第安人，或是警察和强盗。"

在我们这个时代，父母和政策制定者担心许多负面影响：漫画、电视节目、说唱音乐、足球，当然还有视频游戏。视频游戏玩家在游戏中的行为，会不会被他们带到现实生活中来？这个问题还没有达成科学共识。长期沉浸于某些虚拟行为，可能会让人变得麻木不仁或是过度敏感——对于现实生活中的暴力行为，他们可能漠不关心，或是过分关注、惧怕。和大多数事情一样，玩游戏也要有节制，要有适当的界限。

有了平板电脑和智能手机，人们可以
随时随地玩游戏。

迈向新高度：电子游戏的科学

什么是真实的，什么是虚拟的？

在电子游戏刚出现不久，哪怕是最简单的模拟游戏，也都选取了对孩子有吸引力的现实来进行模拟。"那时我应该是 9 岁或者 10 岁，"在谈到童年时的家用计算机 Commodore VIC-20 时，埃隆·马斯克这样说，"你用它构建了一个小宇宙……事实上，你可以让一切成真。你可以键入这些命令，然后屏幕上就会发生某些事情。这真是太神奇了。"

> "即使是在伊拉克，他们出去巡逻后，仍会回到帐篷里，在 Xbox 上玩《反恐精英》。"
>
> ——《模拟人生》设计师威尔·赖特谈玩战争类电子游戏的士兵

有一款最早的街机游戏叫作《小行星》（1979）。在玩这个游戏时，玩家为了生存，会炸毁太空岩石和飞碟。"小时候，我在这个游戏上花了太多时间，"天体物理学家艾米·美因茨回忆说，"当我成为小行星科学家时，我发现，原来这个游戏并没有那么糟糕。要是你在游戏中撞到了大型小行星，它会碎成很多个小块。事实也正是如此。"

如今，年轻的军事人员有了可以遥控的战争机器。"这一代士兵是玩着电子游戏长大的，现在他们参了军，操纵着无人机，"《模拟人生》设计师威尔·赖特说，"他们仍然在玩这些游戏，我知道有很多人在用它们进行团队合作练习。"

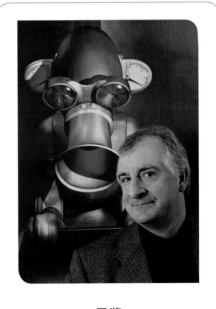

导览

电子游戏是不是真的通过了图灵测试？

1950 年，计算机科学家艾伦·图灵提出了一项针对人工智能的测试：当测试人分不清回答问题的是人还是机器时，那么这个人工智能就是成功的，通过了测试。"大约十年前，道格拉斯·亚当斯制作了《星河舰队》，"电子游戏专家杰弗里·瑞安说，"按照它的设计，它可以跟你进行自由的文本对话……事实上，他们让英国喜剧团体'蒙提·派森'来开发它，以确保足够幽默，能把人逗乐。它通过了图灵测试。"

想一想 ▶ 玩电子游戏可以提高你的情商吗？

"史上最具教育意义的电子游戏之一可能是《模拟人生》，"电子游戏专家杰弗里·瑞安说，"考虑到你在生活中经常跟其他人交谈，这款游戏也设置了同样的互动模式。"训练你增强社交意识，这可能会提高你的情商。

"我脖子以下的整个身体都麻木了，我只记得自己躺在那儿，向上苍祈祷我能够再次起身走路。"

—— 科里·布克

在"阿波罗号"上

为什么橄榄球这么危险？

如果没那么暴力，美式橄榄球还会是伟大的比赛吗？可以肯定的是，这项运动需要非常出色的技巧、策略和运动才能。不过，这项运动的一大特征是，会对身体的所有部位造成毁灭性伤害。橄榄球造成的无形伤害可能更加可怕。几十年前，人们为了保护运动员所做出的善意之举，似乎导致了慢性创伤性脑病的医学危机。

艾尼萨·拉米雷斯博士是个材料科学家，也是《牛顿的橄榄球》的合著者。他解释说："橄榄球运动造成脑震荡的比率最高，这是因为我们有头盔。我们之所以有头盔，是因为曾经有人因为比赛死亡。他们死于颅骨骨折。在 20 世纪 50 年代，面具成为橄榄球的标准配置。擒抱的方式也变了。过去我们都用肩膀来完成擒抱动作；后来我们开始用头来擒抱拦截。在戴上面具后，我们的头盔成了武器。也正因为如此，橄榄球运动才会造成脑震荡。"

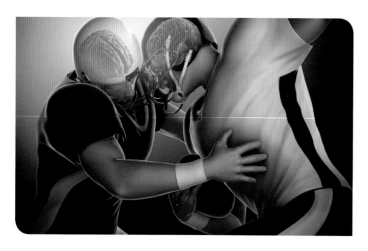

橄榄球头盔导致了更多的致命碰撞。

回归基础

纳斯卡赛车能教给我们哪些物理知识？

每个物理专业的大学生在做家庭作业时，都至少遇到过一次有关赛车的问题。从赛道的倾斜度到转弯的速度，从燃油消耗到甩出"甜甜圈"所需能量，物理学几乎体现在了赛车的各个方面。"在通过弯道时，要是你以正确的速度行驶，你就不必转动方向盘；赛道会带着你转弯，"太空驾驶专家尼尔·德格拉斯·泰森博士说，"汽车是沿着直线行驶的。他们不用转动方向盘就可以转弯……因此，在纳斯卡赛道的时空连续体弯曲了它的道路时，这辆汽车正在沿着直线行驶。"

你知道吗

超速赛道转弯处的倾斜度在 18 至 31 度之间，例如代托纳国际赛道。在这样的赛道上，纳斯卡赛车的时速通常超过 200 英里。

过山车是怎样运转的？

过山车用英文说是"roller coaster"，直译过来就是"滚动的滑行车"。就像这个名字的字面意思一样：车轮滚动，车子就开始滑行——也就是说，车子没法自己前进。随着过山车向上爬坡再俯冲下来，它的重力势能和动能互相转换，循环往复。

物体离地球表面越远，它所具有的重力势能就越大。一旦把它松开，它就会掉下来，它的重力势能开始转变为动能——掉落的路线越

"实际上，过山车的最高点决定了你在上面所能达到的最快速度，因为这全都与能量有关。"

——尼尔·德格拉斯·泰森博士

接近垂直，转换速度就越快。在整个行驶过程中，过山车必须克服车轮的摩擦力，它会让过山车减速。

最后，如果过山车的轨道是垂直的，那么它就得行驶得足够快，这样，离心力才会把它固定在轨道上——当它头朝下俯冲时也是如此。过山车的轨道不是圆形的——它们是垂直的，这样一来，俯冲的路线才会更接近垂直，过山车退出轨道时也会更加平稳。

这条像雕塑一样的人行道位于德国杜伊斯堡，它模拟了过山车。

"徒手掰弯钢板——我喜欢这个。穿着蓝色的连裤袜飞翔——我也能接受这个。但是从太阳中获取能量？不，不，一百万年之内，这是不可能的。"

——尼尔·德格拉斯·泰森博士，太空"超级英雄"专家

第五节

超人能在黑洞里活下来吗？

攀上墙壁，撼动墙壁，只用看一眼就能让墙壁蒸发，还有什么会比这些能力更有趣呢？在整部人类历史中，具有超自然力量的生物频频出现——但直到近一百年，装束夸张的超级英雄才成为流行文化的一部分。

在他们登场时，我们刚开始涉足现代科学技术——膨胀宇宙、量子力学、越洋飞行，等等。超人是个外星人——这在意料之中；蝙蝠侠是个讲究科学证据的侦探；还有神奇女侠，她是个驾驶隐形飞机的亚马孙人。随着知识的进步，我们的英雄也进化了——例如宇宙射线创造出的神奇四侠，伽马射线的受害者绿巨人，"核能人"火风暴，宇宙超级英雄新星和类星体。

这些富有想象力的"科学知识"来自漫画书，它们给我们带来了乐趣，同时也激励我们提出问题，并且寻找答案。当然，我们想知道：我们也能成为超级英雄吗？

人类无法穿越黑洞，但超人能不能做到呢？

"当他试图以光速奔跑时，他的速度变慢了……这很好地说明了爱因斯坦提出的理论。"

—— 詹姆斯·卡卡里奥斯，《超级英雄物理学》作者

绿巨人的块头可能比布鲁斯·班纳大，但他俩的体重相同。

超人或神奇先生能不能挺过"意大利面化"？

漫画书经常无视物理定律，但我们不能。"如果你真的能比光移动得更快，那么你就可以从黑洞里爬出来；没什么能阻止你，"尼尔说，"不过，奇点之行肯定会让他的身体变成意大利细面条状……按道理，任何可以伸缩的人（例如神奇先生）都可以避免这类困扰。"

▶ 绿巨人浩克是怎样伸缩的？

"他可以变大，但他的体重还和原来一样，"尼尔解释说，"而且如果他变大的话，他作为绿巨人的密度会比他作为布鲁斯·班纳的密度小。"

"那他是不是有点儿像棉花糖？" 查克·尼斯问道。

"当然，"尼尔说，"或者像个沙滩球。"

▶ 万磁王能控制地核吗？

"能。但万磁王并不能控制所有金属制成的物品，因为并不是所有的金属都带有磁性，"尼尔解释说，"万磁王完全可以摧毁新星，因为他可以通过与磁场的相互作用，控制气体的位置和行动。"

▶ 闪电侠为什么不会自燃？

在虚构世界中，"神速力"是宇宙基本力之一，类似于引力。正是因为"神速力"，闪电侠得以超速移动。当他奔跑时，能量光环会环绕着他。因此，他免受摩擦力的伤害，否则他会因为摩擦力而着火。而且，如果他以超速撞到某个东西，他也不会被压扁。

宇宙之问：超级英雄

我们可以像美国队长一样提高个人属性值吗？

美国队长既是人类，也是超人。他是怎么办到的？我们也可以像他那样吗？"我们都是人，"太空"肌肉"专家尼尔·德格拉斯·泰森博士承认，"肌肉力量与肌肉大小有关。所以，你能在现实中见到一个'美国队长'，如果他的身材很好，他在健身房里会引人瞩目。但这种肌肉力量，跟基因修改所带来的力量并不一样——而且这仍然是个生物问题。"

> "从理论上讲，任何生物的特殊技能，人类都可以拥有。"
> —— 李·西尔弗，分子生物学家

不过，关于尼尔的解释，有一点需要特别声明：如果超级士兵血清改变了美国队长的肌肉组合形式——也就是说，他仍然是人类，但是属性值比普通人略高，那么，即使他的肌肉和普通人一样大，他体内每条肌肉纤维的抗拉强度可能会更高。请记住，对人类来说他超级强壮，但他无法和绿巨人浩克相提并论。

回归基础

如果放射性蜘蛛咬了你，有什么事是不会发生的？

在漫画原著里，彼得·帕克因为被放射性蜘蛛咬伤获得了"蜘蛛力量"，但有趣的是，这些力量不包括他的蛛网。实际上，他在高中时就发明了黏性溶液和蛛网发射器——它们中的任何一个都完全可以在科学竞赛中获胜。尽管蜘蛛侠的技术可能更娴熟，但实际上，任何人经过练习都可以用它们发射蛛网。

作为一个超级士兵，美国队长达到了人类体能的巅峰。

想一想 ▶ 如果我们的大脑全部开发，我们会获得超级力量吗？

"许多人认为，我们的大脑只开发了 10%，实际上，这个观点是错误的。之所以会有这种观点，是因为人们错误地引用了某个神经学家的说法。他曾在一百多年前说过：'大脑太复杂了，我们只理解了 10% 的大脑是如何运作的。'所以《X战警》中X教授的心灵感应以及《超体》中露西的心灵感应，这类能力都是虚构的。"
—— 尼尔·德格拉斯·泰森博士，太空"揭穿真相"专家

[超级英雄物理学]

哪种超能力是技术可以实现的？

如今，有些技术可以做到超级英雄所做的事。带翼喷气背包可以让人们像飞机一样飞行。借助 X 射线反向散射成像仪和有源毫米波扫描仪，人们可以像超人一样具有透视能力。类似超能力的科技进步还体现在量子力学领域，这也许是最让人兴奋的：有朝一日，通过量子纠缠，人们也许能够进行瞬间移动；而量子计算可以制造出人工超智能。理论物理学家加来道雄博士也这样认为："如果你可以控制量子定律，那么你就真的能拥有……科幻作品中的大多数超能力。"

这类技术有个最大的缺点，那就是设备不够轻便。例如，当你在空中飞翔时，你能把 X 射线反向散射成像仪戴在头上吗？因此，这些技术设备需要进行小型化处理。

尼言尔语

尼尔想当哪个超级英雄？

"我喜欢蝙蝠侠。我可以当蝙蝠侠。有谁不喜欢这些装备？有谁不喜欢这辆车？他拥有最棒的汽车……他可以用这辆车做很酷的事。这辆车比他的工具腰带还要酷。所以我一定要当蝙蝠侠。"

——尼尔·德格拉斯·泰森博士

《X 战警》（2000）中的镭射眼透过眼镜发射冲击波。

"我很想在《守望者》中扮演曼哈顿博士。不过，我只是和扮演曼哈顿博士的比利·克鲁德普合作了。他非常出色。"

—— 演员劳伦斯·菲什伯恩谈他想扮演的超级英雄

超级英雄物理学

隐形女侠真的能隐身吗？

从理论上说，让某个物体隐形很容易：只需要让光经过物体时绕过去。这时，人们看不到物体反射的光线，直接看到了物体背后的东西。我们已经知道在自然界中要如何做到这一点：大质量集合体（例如，黑洞或星系团）会充当重力透镜，让光线发生相应的弯曲。但是，在整个宇宙中，透镜效果会让物体背后所有东西的形状和亮度失真——这样一来，隐形的超级英雄就暴露无遗了。

现在人们已经开发出一款实用设备，效果可能更好：可持续多方向 3D 隐形设备。它现在还只能实现小面积隐形——让手或脸隐形，不能让整个人隐形。不过也许有一天，当我们有了成熟的便携隐形系统，隐形女侠的超能力就没有什么大不了的了。（尽管如此，她的防护力场依然很值得敬畏。）

> "小时候，我想成为超级老鼠。因为我想在坏人试图伤害妇女时拯救她们。而且我想一边唱着歌剧一边惩恶扬善。"
>
> ——尼尔·德格拉斯·泰森博士，太空"啮齿动物"专家

《神奇四侠：银影侠现身》（2007）中的隐形女侠。

> "我们从材料科学的角度分析了神奇女侠的手镯……她的手镯可以让子弹偏转，它们是用什么做的？……冷轧钢也许足够坚固……当然，她的手腕没有断，可见她相当强壮。"
>
> ——詹姆斯·卡卡里奥斯博士，物理学家、《超级英雄物理学》作者

想一想 ▶ 运动服是怎样影响超级英雄电影中的服装的？

> "我一直在关注体育人物的行动，特别是他们在奥运会上的表现。那时总会出现许多为运动员设计的新面料……后来这些面料就被应用到了电影中。例如，《蜘蛛侠》的服装设计师说：'你知道吗？速滑运动员看起来太棒了，让我们把他们的服装用在电影里吧。'"
>
> ——詹姆斯·阿吉亚，时装设计师

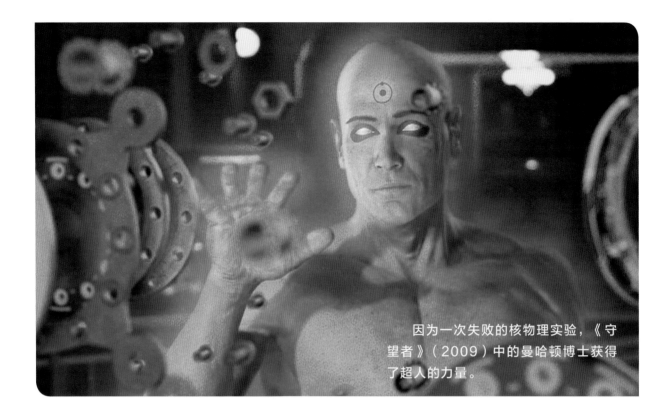

因为一次失败的核物理实验，《守望者》（2009）中的曼哈顿博士获得了超人的力量。

超级英雄物理学

超级英雄有没有教我们学科学？

蜘蛛侠的另一个自我彼得·帕克（与耶鲁大学一位退休的核天体物理学教授同名）担任了一个学期的研究生助教。不过，说真的，正是受到了《星际迷航》中的通讯器和三录仪的启发，我们才有了手机和医学成像仪。超级英雄促使我们去思考尚未发现的东西。

例如，尼尔渴望拥有像蓝皮肤的曼哈顿博士那样的力量："在《守望者》中，他已经具有宏观的量子对象，所以他可以说，'我自己就可以具有波粒二象性。我可以随心所欲地变成波，出现在波去过的另一个地点，并且重新自我组装，于是新的我就出现了。'我们为什么不能这样做呢？"

物理学家詹姆斯·卡卡里奥斯博士对此做出了简单的解释："因为我们无法独立控制量子力学波。"

"超级老鼠披着披风。超人披着披风。所以对我来说，事情是明摆着的：你要靠披风才能飞行。显然是这样……那是我三年级时的想法。"

——尼尔·德格拉斯·泰森博士，太空"披风"专家

宇宙之问：人类在太空的耐受力

你能在太空中玩魁地奇吗？

很多巫师都是超级英雄，例如《复仇者联盟》的绯红女巫和《正义联盟》的扎塔娜，但她们都不怎么有趣。不过，要是有个空中竞技场，里面全是骑着扫帚的女巫和巫师，是不是很有趣呢？如今，这成了一项运动。有些游戏最早出现在小说里，后来被人们带到了现实中，魁地奇是它们当中最棒的一个——只不过，在如今的大学俱乐部联赛上，大学生们玩的魁地奇完全是二维的。

只需对这项运动稍做修改——把魔法扫帚换成火箭背包飞行器，找球手、击球手、守门员和追球手就可以在太空中进行比赛了。计分环必须以某种方式固定在适当的位置，也许可以固定在轨道体育场的边缘。不过，球员的宇航服最好经久耐用——整场比赛都充满乐趣，直到有人的头盔或面罩被游走球撞破、失去气密性为止。

"当然，我们认为金色飞贼没有扫帚的魔力，实际上，它是通过扇动翅膀才让自己飘浮在空中的，就像蜂鸟一样。零重力条件下，翅膀毫无用处……在一个没有空气的星球上，鸟类就和砖头差不多。为此，你得重新设计金色飞贼。"

—— 尼尔·德格拉斯·泰森博士，太空"魁地奇"专家

回归基础

我们能用金属代替骨骼吗？

从《X战警》中的金刚狼到《少年泰坦》中的赛博格，再到无敌金刚和生化女战士，用外部材料来进行身体内部的修复，已经成了许多超级英雄力量的技术来源。尼尔指出，这种策略有个缺陷："请记住，你必须把组织移植到金属上，才能让人体正常运转。我们的肌肉与肌腱相连，肌腱与韧带相连，而韧带与骨骼相连。人体是按照生物学来运转的。要想把外部材料移植到人体中，你只能用别的方法把它粘上去。"

想一想 ▶ 如果你有原子能，那该怎么办？

自 1962 年以来，原子奇侠太阳能博士就以各种化身出现。除了其他本领，他还可以随意改变元素。那么，你能用元素周期表上的能量做什么呢？物理学家加来道雄博士解释说："你能凭空变出黄金。"喜剧人查克·尼斯则表示全力支持："你手里有这些能量。非常感谢你，先生……我想要这些能量。"

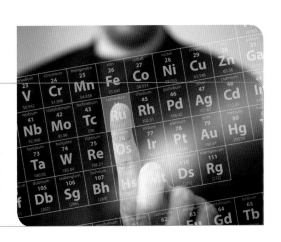

"什么是科幻作品？科幻作品提出了很棒的目标。它们设定了这些目标，向我们展示了新的标准。我们为此而努力。然后——现在——我们超越了这些标准。"

—— 乔治·竹井

第六节

为什么还没有会飞的汽车？

二十世纪的科幻作家说，时至今日，我们所有人都会在城市上空飞驰。机器人会满足我们的所有需求。我们会生活在其他星球上。

谢天谢地，他们说错了。不然，如今的我们正绝望地开着车，在被摧毁的城市上空兜圈子；或是被机器人奴役；或是被困在遥远的哨所，思念着家乡的绿色海岸。至少，如今的我们有智能手机、太阳能电池板、搜索引擎和空间站。事情本可以糟糕得多。

科幻作品为我们展示了可能性，促使我们去思考。它影响着我们的思维方式、住所、笑点乃至穿着。它可能会试着变得贴近现实，或者远离现实。对于我们来说，它必须足够可信，让我们能够透过幻想看到本质，进一步认识自我。通过科幻作品，我们得以从外部审视自己。现在，让我们来看看科幻作品里面都有些什么！

我们还没有进入汽车会飞的时代——但我们是不是离那个时代很近了？

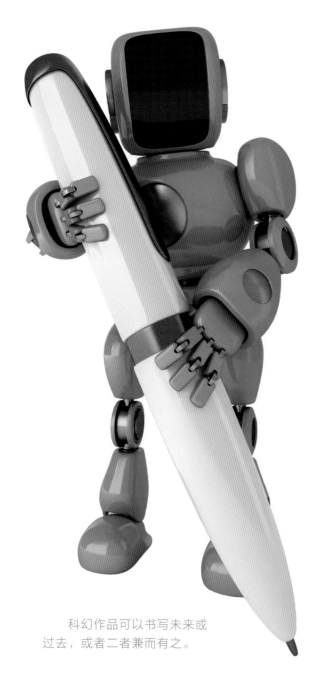

科幻作品可以书写未来或
过去，或者二者兼而有之。

什么是科幻作品？

按照堪萨斯大学冈恩科幻研究中心的说法，科幻作品的本质是"人类遭遇变化的文学"。它可以给我们启示，供我们消遣，通过展示过去、现在和未来，向我们发出警告。

科幻作品通常是关于未来的，但也有可能是关于过去的——特别是在时间旅行或替代现实的故事里。在某些作品中（例如 H. G. 威尔斯的小说《时间机器》或 2006 年的电影《珍爱泉源》），过去和未来兼而有之。

▶ 会飞的汽车在哪里？

"你真的想要会飞的汽车？你确定？"特斯拉汽车公司、太空探索技术公司创始人埃隆·马斯克问，"要是会飞的汽车真的存在，你就得注意头顶安全了，因为那些汽车有可能会砸在你头上。"

▶ 科幻作品中的科学到底有多真实？

尼尔表示，有时候，科幻作品里的科学都是真实的，但有的时候就不一定了，例如汉·索洛完成了科舍尔航程。"秒差距是距离单位，而他却在那儿吹牛说千年隼号的速度是 12 秒差距。所以这种说法一点儿也不科学。后来有些人想替他找补……'啊，不是的，他的意思是说千年隼号经过了弯曲时空，把航程缩短了。'"

"我们的腰上连接着一个神奇的装置。我们走到哪儿都得带着它。每当我们想跟别人说话时，都要把它取下来打开，然后我们才能开始交谈。当时，人们看到这项技术时还很震惊。现在它早就实现了。"

—— 乔治·竹井谈《星际迷航》中的通讯器

海王星剧院之夜

麦考伊医生的三录仪是磁共振成像技术的原型吗？

在《星际迷航：下一代》中，威尔·惠顿扮演了卫斯理·克拉希尔。他给我们讲了一个小故事："你知道吗，发明磁共振成像技术的那个人……看过原版《星际迷航》，他看到麦考伊医生拿着一台仪器进行扫描。于是他想，我们也应该这样做；应该会有这样一种办法，让我们看到人们身体内部，却不用把身体切开。"

作为诊断工具，磁共振成像技术棒极了——但它噪音大，体积大，昂贵而且耗时。那么，在磁共振成像技术之后，人们又会发明什么呢？发明一个真正的三录仪怎么样？"三录仪 X 大奖赛向科技团队发起了挑战，要求他们发明一种普通消费者也能使用的设备——它可以和你交流，为你扎手指验血，甚至，和一群经过专业认证的医生相比，它可以更好地为你诊断。"X 奖创始人彼得·戴曼迪斯说。

尼言尔语

《星际迷航》（以及《迷离境界》）的天才之处是什么？

"《星际迷航》简直是空前的杰作，"尼尔说，"是的，之前也有过一些科幻作品。但《星际迷航》的独特之处在于，它讲述的故事本该发生在真实的地球环境中，只是人们不能容忍这种故事发生在地球上，因为它们令人反感，或者说，它们探究了我们奇怪的社会风气。所以，你可以把背景设定为太空，这样你就能自由地讲述这些故事了。《迷离境界》也采用了同样的叙事策略。"

"在我看来，人们会很自然地考虑到，应该利用电子人的发展来维持生命、延长寿命。我的意思是，我们拥有人造心脏，人造的其他器官……我觉得，这种情景我们这代人也许可以看到。"

—— 斯蒂芬·戈文，机器人专家、太空科学家

想一想 ▶ 为什么《星际迷航》中乔迪的护目镜这么笨重？

莱瓦尔·伯顿在《星际迷航：下一代》中扮演了乔迪·拉弗吉。他说："我喜欢护目镜。不过我一直想知道，既然我们的技术这么发达，为什么我们不能发明一个比护目镜小得多的东西呢？"在科幻作品中，科技也取得了进步。在第八部《星际迷航》电影中，吉尔迪通过人造眼看东西。

在《星际迷航》的第一集（1966年），"进取号"
上的全体人员通过瞬间传送装置离开星舰。

宇宙之问：星际迷航

在瞬间传送装置中到底会发生什么？

　　《星际迷航》中的瞬间传送装置会把你分解为原子，记录它们的信息，并以能量束的形式把它们发射出去。然后，在另一个遥远的地方，这些原子会重新组装成你。"这样做有个问题：如果你把自己的质量转换为能量，那么，这股能量会比地球上每一枚核弹爆炸时的能量都要大。那就太糟糕了。"天体物理学家、《糟糕的天文学：误解、误用大揭秘》作者菲尔·普莱特博士解释说。

　　这项运输技术十分复杂，深入到了量子层面。我们每个人体内至少有 10^{27} 个原子，因此，哪怕仅仅扫描、记录一个人最基本的原子信息，所需要的存储容量也远远超过目前地球上所有计算机的存储容量。

　　"在你的动脉里放入一个支架，这个主意怎么样？这样你就不必进行任何手术了。"天体物理学家查尔斯·刘博士问道。

　　我们也许最好从简单的做起。不要好高骛远，先学习怎样运输有用但无生命的物体。

自膨式金属网状支架。

《星际奇谈》和圣迭戈动漫展

死星真的能炸毁一个星球吗？

像《星球大战》里那样，用一束强大的能量摧毁行星大小的天体，这看起来很厉害，但实际上并没有可操作性。"事实证明……这几乎是不可能的，"天体物理学家菲尔·普莱特博士承认，"你可以用火星大小的东西撞击地球，但并不能彻底摧毁地球。彻底摧毁一个行星……需要消耗许多能量……当你计算所需能量的大小时，你会发现，它比太阳释放的能量还要大。"

在新版《星际迷航》中，行星是这样毁灭的：行星因为自身的重力坍缩成一个奇点。从能量和质量层面来看，这种安排更加巧妙。但它也有不符合现实的地方，例如所谓的"红物质"根本不可能存在。

太空"疑难杂症"专家尼尔·德格拉斯·泰森博士解释说："所以，你计算了行星的结合能。如果你向行星发射的能量大于结合能，它就会像死星那样炸毁行星……你也可以用内部瓦解的方式摧毁行星。但我更喜欢《星球大战》中摧毁行星的方式。一场完美而古典的行星爆炸。"

尼言尔语

尼尔和布莱恩·考克斯的推特"光剑之战"

尼尔·泰森：如果光剑是用光做的，它们只会互相穿过对方。

布莱恩·考克斯教授：要是光子的能量足够高，就不会有这种情况。

尼尔·泰森：我们可以把外逸粒子困在一把剑里。

布莱恩·考克斯教授：由此产生的带电粒子可能带有磁性。

"也许这个名字是错的。也许他们只是把它叫作光剑。这并不是说，它就是用光做的。"

—— 菲尔·普莱特博士，天体物理学家、《糟糕的天文学：误解、误用大揭秘》作者

想一想 ▶ 光剑的工作原理是怎样的？

布莱恩·考克斯博士：在相当高的能量（高能碰撞）下，光子有可能互相碰撞、反弹。

菲尔·普莱特博士：也许这个名字是错的。也许他们只是把它叫作光剑。这并不是说，它就是用光做的，也许它是一个力场，充斥着等离子这类东西。

"好吧，电影《绝世天劫》有一些漏洞。这部电影里除了意外还是意外，要么就是骇人听闻的东西。不过有一点它完全说对了：如果有一颗很大的彗星撞向地球，那肯定会造成很多破坏。"

—— 艾米·美因茨博士，天体物理学家

《绝世天劫》（1998）中的布鲁斯·威利斯

宇宙之问：小行星、彗星与流星风暴

会有彗星撞击地球吗？

如果流浪彗星或其他天体在外太阳系中产生大量引力相互作用，那么小行星的轨道可能会被扰乱——而地球可能会被小型太阳系天体撞击。这样的现象已经发生过一次了。人们把它叫作后期重轰炸期。不过，幸运的是，它在大约38亿年前就结束了。

▶ 为什么"进取号"星舰是从"土卫六"升起的？

行星科学家卡罗琳·波尔科博士讲述了有关 2009 年《星际迷航》电影的故事："我告诉 J. J. 艾布拉姆斯导演，要是它来自'土卫六'大气中的曲速引擎……要是它像潜艇一样从云中升起，背后是土星和土星环，这一幕会非常震撼人心。"

▶ 来自太空的冷冻氧气会起到怎样的作用？

在 20 世纪 70 年代末期的电视剧《巴克·罗杰斯在 25 世纪》中，地球当局将大量冷冻氧气带入地球，以补充地球上日益紧张的氧气供应。这真的可行吗？

"这么做的结果是，火烧起来以后，比现在更难熄灭，因为氧气是一种助燃剂，"太空"点火"专家尼尔·德格拉斯·泰森博士说，"眨眼之间，你就会把森林烧个干净。"

"忘掉其他器官吧——你应该关心大脑。你将拥有一台永生的机器，把你的大脑放在机器里吧。"

——尼尔·德格拉斯·泰森博士，太空"疯子"

我，机器人

未来我们能不能在机器人身上安装人脑？

第 42 届美国总统比尔·克林顿谈到了机器人技术和医学的未来："我有些朋友换上了新的臀部或膝盖，或者别的身体部件，我一直在和他们见面……情况好像是这样的，我们身上几乎所有的部分都可以被替换。不过，要是他们把你的大脑也给换了，你还会是你吗？有没有一种像 SIM 卡或硬盘驱动器一样的东西，可以把大脑里的一切信息都打包带走，然后放在新的大脑里？"

是这样的，总统先生，我们目前所拥有的任何计算机磁盘或内存卡，其存储容量都无法和大脑的复杂性相提并论。而且大脑的突触结构一直在迅速变化，也许只过了几分钟甚至几秒钟，你的数字备份就跟现在的你不一样了。因此，我们应该进行的是脑移植，而不是脑备份。

导览

无人机是否遵循了阿西莫夫的机器人法则？

艾萨克·阿西莫夫的机器人小说设定了如下法则：人们有足够的智慧设计出符合特定条件的机器人，即除非在某些极端情况下，机器人须服从人类，不得伤害人类，且不得毁坏自己。如今的军用无人机具有一定的自主能力，例如，如果远程控制信号丢失，它们可以自行规划返回基地的路线。不过，阿西莫夫的崇高法则所描述的机器人智慧，远远超出了无人机的水平。要是无人机能变得这么聪明，谁知道它们会做些什么——不管这些行为是程序设定的，还是出于它们自己的意志。

"是的，你想被土葬、火化还是上传？你可以自己选择。"

——杰森·苏戴奇斯，喜剧人

想一想 ▶ 人造的生物有没有人权？

布伦特·斯皮内在《星际迷航：下一代》中扮演了生化人。有一集对他很重要，他是这样描述的："这一集叫作《人的标准》。在这一集里，我的角色正在接受审判，这场审判将决定他是不是……一个有知觉的生物……以及，如果他不是一个有知觉的生物，我们是不是在制造奴隶种族……或者，他有没有属于自己的生存权。"

科幻时尚: 超前还是复古?

"在为未来主义或科幻电影进行设计时,有些设计师或服装师投入了大量时间……但当你观看这些电影时,你会发现,里面的服装和我们现在穿的没什么两样。既然如此,你真的能设计未来吗?"

——詹姆斯·阿吉亚,时装设计师

‖‖‖‖‖‖
◀《星际迷航》(1966)

摇摆靴、迷你裙和喇叭裤走在 60 年代的时尚前沿。

‖‖‖‖‖‖
◀《疯狂的麦克斯:狂暴之路》(2015)

这部电影讲的是世界末日后的澳大利亚。它对千禧一代的朋克时装产生了重要影响,并获得了奥斯卡最佳服装设计奖。

‖‖‖‖‖‖
▲《星际穿越》(2014)

《星际穿越》描述的未来离我们并不是很远,因此,它选用了契合当今时尚的商务衬衫和 T 恤。

‖‖‖‖‖‖
▶《2001太空漫游》(1968)

在这部电影中,空姐和宇航员服装的色块和方形剪裁营造出一种古怪而永恒的未来感。

IIIIIIII
◀《星球大战》（1977）

通过宽松的服装来表现奇异的魔法，与帝国冲锋队邪恶的白色盔甲形成鲜明对比。

IIIIIIII
◀《火星救援》（2015）

电影中的宇航服看起来舒适而宽松。在宇航服里面，是贴身、实用的中性 T 恤和羊毛衫。

IIIIIIII
▲《沙丘》（1984）

电影虚构了一万年后的一个害怕技术的封建社会。在这个社会中，人们的衣着融合了中世纪和军事的元素，以及 1980 年代的时尚感。

IIIIIIII
◀《猩球崛起》（1968）

猩猩的服装只是个隐喻：在虚假的外表之下，我们都是动物。

IIIIIIII
▲《阿凡达》（2009）

大面积裸露的皮肤和长辫子营造了一种回归自然的原始感。——这也许是种时髦？

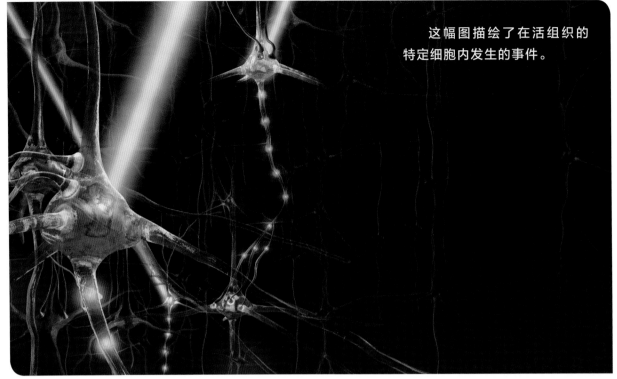

这幅图描绘了在活组织的特定细胞内发生的事件。

真的有洗脑这回事吗？

催眠师经常与摆动的怀表一同出现。

人类的大脑具有可塑性，与之相应，人类的行为和个性也同样具有可塑性：激进的恐怖分子和狂热的信徒就证明了这一点。如今，我们可以通过机器来控制大脑吗？

神经假体已经在人类医学中得到了广泛应用，例如用于听力的人工耳蜗，或者用于缓解疼痛的脊髓刺激器。令人惊讶的是，神经修复专家现在可以控制一些基本的动物行为。例如，他们可以通过计算机或操纵杆，指挥大脑中装有电极的飞行昆虫向左转或向右转。

光遗传学是神经科学的另一个组成部分：通过光信号，大脑的部分区域接受了扫描和刺激。光遗传学设备的目的是进行交流——破解大脑的电信号，然后通过光将信息发送回去。记忆和指令也可以植入吗？假如答案是肯定的，这会对医学（甚至可能会对间谍活动）产生惊人的影响。

宇宙之问：恒星取样

高频主动式极光研究可以控制天气吗？

1993 到 2015 年间，美国空军制定并实行了高频主动式极光研究项目（HAARP）。他们借此对电离层进行了探测，查看是否可以增强地球高层大气的无线电信号，从而改善无线通信或监测。

有人猜想，HAARP 会被用于邪恶的任务：击落飞机，摧毁航天飞机，控制思想，传播疾病，制造暴风雨、洪水、地震和引发全球变暖。即使这些说法似乎很明显是错误的，但一个优秀的科学家仍然愿意先看看有无证据。

尼尔对此的回应是："有些人确信政府正在储备外星人，并且控制我们可能想到的任何事情——他们显然从未为政府工作过……有些报告说，在高空进行的实验和物理实验会对我们的天气产生影响，我完全不相信这些。"

回归基础

风筝可以飞多高？

"风筝飞得越高，在它下面悬着的风筝线就越长。风筝线的重量与风筝的重量和上升浮力互相抵消……如果你有一只非常大的风筝，它可以飞到平流层。但问题是，在平流层中，风速为每小时几百英里。"
——尼尔·德格拉斯·泰森博士，太空"欢乐满人间"主义者

你知道吗

要是把风筝做成风车的形状，让它们在数千英尺的高空飞，它们有没有可能通过高速风发电呢？有些科学家正在研究这个问题。

想一想 ▶ 阿基米德的镜子战术有效吗？

相传，古希腊发明家阿基米德用铜制盾牌聚焦阳光，点燃了入侵的罗马船只。2005 年，麻省理工学院的大卫·华莱士博士得以在受控条件下模拟这场攻击。他和 500 名高中生一起进行了实验。不过，当他们用大镜子对准一艘船时，什么也没有发生。

未来的城市会是什么样子？

长期以来，未来主义太空城市那闪亮的尖顶、鲜明的轮廓，一直是科幻作品及其高科技愿景中的重要元素。有时，它们似乎已经成为现实；从远处看看纽约、上海、伦敦或者迪拜的轮廓吧，你就会得到这种印象。不过，也有些科幻作品另辟蹊径，描绘了城市荒地的衰败景象，其中最有名的也许是1982年的电影《银翼杀手》。技术能不能帮助我们避开丑恶的未来，获取美好的未来呢？如果技术能做到这一点，

驾驶会飞的汽车时，你需要进行三维运动……但是当你到了街上，忽然之间，你的活动又变成了二维的……要是我们有更多的汽车隧道，交通拥堵完全可以得到缓解。

——埃隆·马斯克，科技企业家

那会是在什么时候？

"我们拥有智能材料、自适应结构，"未来学家梅利莎·斯特里预测说，"我们拥有可以移动的整座建筑。我们有传感器、信息系统来报告这些过程……众所周知，人造环境的发展已经到达了顶端，'天哪，我们真的在与时俱进。我们必须利用这些新的机会'……等到2020年，我们将拥有非常智能的城市……我正在谈论的那种仿生学城市，预计会在2040到2050年间建成。"

想象中的未来海滨城市。

在《辛普森一家·未来的日子》（2014）这一集里，出现了机器人形态的荷马。

对话塞思·麦克法兰

科学、科幻作品、喜剧能不能融为一体？

在《恶搞之家》中，作者塞思·麦克法兰经常把斯特威这个角色放在科幻作品的情境里。

不幸的是，我们中有许多人，只能从毫无幽默感的老师那里学习科学。但是，如果教科学的人足够有趣，科学和喜剧就会密不可分。

"我一直是科幻作品的忠实爱好者，所以我尽可能地抓住机会，让斯特威投身科幻世界，"《恶搞之家》的作者塞思·麦克法兰说，"因为有一点是可以肯定的，喜欢动画的人往往也喜欢科幻作品，而且对科学感兴趣。"

几年前，心理学家妮娜·斯特罗明格博士经过科学研究，发表了一条惊人的结论："放屁使一切变得更有趣。"为了支持妮娜的说法，太空"臭屁不响"专家尼尔·德格拉斯·泰森博士搜集了大量证据：对超人杀伤力十足的胀气进行了猜测，对宇航员在国际空间站放的屁进行了讨论……"不过，确切地说，航天飞机就是这样升空的。它从一端喷出气体，与此同时，产生了与喷出方向相反的推力。"

如果在太空中，没有人能听到你的尖叫……

为什么我们听到了重力爆炸的声音？电影不用像科学一样严谨，只要能供观众消遣就可以了。《星球大战》是有史以来最伟大的科幻电影之一。虽然，从根本上来看，它不符合物理定律，但我们还是喜欢它。有些科幻电影讲的是主人公返回地球，例如《火星救援》，这类电影怎么样？以下是尼尔的一些评论，其中有许多是他在看完电影后立即发布的。

||||||||
◀ 受重力影响的发型

@ 尼尔·泰森："# 重力的奥秘：有些零重力场景本来是可以让人信服的，但为什么桑德拉·布洛克的头发没有飘起来呢？"一定是用了优质的宇航员摩丝。

||||||||
▶ 最好待在一起

@ 尼尔·泰森："# 重力的奥秘：当乔治·克鲁尼松开与布洛克连接的绳索后，他飘走了。在零重力状态下，只要轻轻一拉，他俩就可以重新靠在一起。"不过要是这样的话，又谈何戏剧性呢？

||||||||
◀ 头衔有何意义？

@ 尼尔·泰森："# 重力的奥秘：为什么医学博士布洛克在维修哈勃太空望远镜？"

@ 尼尔·泰森："# 重力的奥秘：宇航员克鲁尼告诉医生布洛克，缺氧会有什么医学表现。"

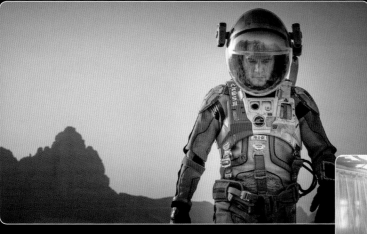

|||||||
◀ 说吧，事实并非如此！

"是的，《火星救援》里的沙尘暴不该那么猛烈……我才不在乎呢。我希望有一个很好的理由把他困在那儿，而在我写这个情节的时候，大多数人都不知道真相。"

|||||||
▲ 火星园艺

《火星救援》的温室里种满了土豆吗？也许是这样的，只要有足够的水和光照。不过，即使有肥料，那里也可能缺乏土豆生长所必需的土壤养分。

|||||||
▲ 太空旅行者

在《火星救援》中，宇宙飞船的旋转部分确实可以产生加速度，从而在大型宇宙飞船上模拟重力环境。不过，我们仍然需要一些工程学创新来使其成为可能。

|||||||
▲ 恒星的力量

@尼尔·泰森："在@星球大战#原力觉醒中，如果你要把一颗恒星的所有能量都吸收到你的星球中，那么你的星球就会蒸发。"再见，恒星杀手。

|||||||
◀ 太空音量

@尼尔·泰森："在@星球大战#原力觉醒中，TIE战斗机在太空真空中发出的声音与它在行星大气中的声音完全相同。"X翼战斗机和千年隼号也是如此。

"人们非常渴望相信天空中的东西……这也许是因为，人们对于寻求意义和目标有种执念……UFO 完全符合人们的要求。"

—— 詹姆斯·麦克加哈，天文学家

第七节

大脚怪会不会是外星人？

在 20 世纪 70 年代经典节目《无敌金刚》的故事线中，人们发现大脚怪（又名大脚野人）是外星人。他虽然遭到了误解和不公平的对待，但总的来说还是个好人。

这是部虚构作品。大脚怪不是真实存在的！有些人确信自己见过一个巨大的人形生物，这个生物和他们一起在树林里游荡。要是你说大脚怪是虚构的，他们会相信你吗？还有那些见过 UFO 和大眼睛外星人的人，他们会相信你吗？我们的大脑会耍花招，让我们误以为自己经历过某些事情，这些花招既复杂又惊人——别人想糊弄我们的时候，用的也是这类招数。这些花招会欺骗我们还是取悦我们？如果我们知道它们是什么，我们就可以做出选择。

科学证明，在我们的太阳系之外有成千上万颗行星，而且我们几乎可以肯定，还有更多的行星等着我们去发现。既然如此，我们是不是很快就能找到外星人了？想象一下，如果我们成功了会发生些什么。

大脚怪和外星访客的
友好会面。

幻觉的科学 对话佩恩与泰勒

人脑会本能地选择相信吗？

我们总想找到意义。我们总在试着发现因果联系，不管现实世界中的原因和结果是否对应。这是魔术表演中发生的状况：是魔杖让兔子消失了。事实上，兔子消失的原因绝不是魔杖。你去心理医生那里，他们给了你一些看起来很确凿的证据——然而你可能并不想停下来想一想，因为你已经迷失了自我，处于弱势地位，所以你一开始就没有仔细思考。

——苏珊娜·马丁内斯－孔德博士，神经学家

水晶球会呈现出其背后景象的倒影——但它能预测未来吗？

回归基础

你愿意再次看到它吗？

"我们会欺骗你。我们会利用你的思想来对付你。在这么做的过程中，我们会本着共享和快乐的精神。那是个困难的社会契约，别的魔术师并不想这么做……但是，如果我对你说，'你知道，我们没有任何魔力。不过，尼尔，你知道吗，有这样一种控制书本和谈话的办法，看上去就像我能读出你的想法。这是不是很奇怪？让我们来试一试吧。'突然之间，我们站在了同一个阵营。"

——佩恩·吉列特，魔术师

"我们一直都在自欺欺人。魔术师只会做得更好……我们在绝大多数时间里所经历的只是一种幻觉，至少在一定程度上是这样。"

——苏珊娜·马丁内斯－孔德博士，神经学家

水晶头骨是外星人和神灵存在的证据吗？

1800 年代后期，水晶头骨开始出现在墨西哥的纪念品商店和全世界的博物馆中。据说它们是由阿兹特克人或玛雅人制作的，在前哥伦布时期就出现了。很快，在说书人的故事里，水晶头骨成了"天外来客"的"礼物"。不过，迄今为止，还没有一件水晶头骨是真正考古发掘出来的。虽说如此，有了这个创意，伪考古电影变得更有趣了。

▶ 你能证明我没有见过大脚怪吗？

要证实或者驳斥某个观点，就得获取充分的证据并加以分析——这是科学的基础。提出观点的一方需要准备好证据；你要做的，绝不仅仅是宣布自己的观点属实。因此，就算别人无法证明你没有见过大脚怪，也并不意味着你见过了。

▶ 为什么大脚怪会出现在地球上？

"如果大脚怪（某种强大的外星文明）说，'地球？这是个发配我们罪犯的好地方。让我们把坏蛋大脚怪送到那儿去吧'，那就太酷了。"尼尔说。不过大脚怪犯了什么罪？

"偷了一个巧克力棒。"喜剧人莱恩·洛德说。

▶《流言终结者》证实过的最奇怪的流言是什么？

主持人杰米·海纳曼和亚当·萨维奇表示，他们证实过的最奇怪的流言与超自然现象无关，而是关于大象是不是真的怕老鼠。"事实证明，老鼠一现身，大象马上吓得一动也不敢动。"

这不是证明"鬼或大脚怪"不存在的证据，只是证明你没发现它们罢了。

—— 杰米·海纳曼，神话终结者

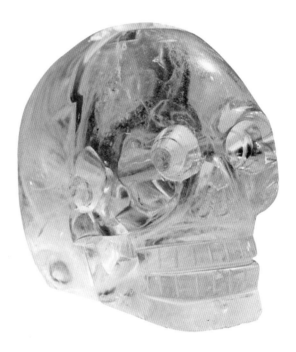

水晶头骨很可能是场骗局。

"其实，如果你是个盲人，灵应盘对你来说并不怎么管用……而且，事实证明，如果你不知道如何正确拼写，灵应盘上的词就是错的……所以，当你试图与逝者沟通时，除非你与逝者的文字完全相符，否则，你就是在白忙活。"

—— 尼尔·德格拉斯·泰森博士，太空怀疑论者

幻觉的科学 对话佩恩与泰勒

见证奇迹的人是在说谎，还是出现了幻觉？

　　科学研究清楚地表明，从统计学上来讲，任何人对任何事物的目击证词都是不可靠的——通常相关情况下，目击证词是我们找到的全部证据。也许，你认为自己真的看到了某个事物，你并没有撒谎——但你真正看到的是什么呢？

　　"目击证词是我们法律体系的基础，但它也有可能是最不可靠的证词，"喜剧人查克·尼斯说，"而且，通常情况下，证词会指向一个看起来面相比较凶的人，说他犯了罪。这实在有点儿武断。"

　　神经学家苏珊娜·马丁内斯–孔德博士对此表示赞同。她解释了这种情况发生的原因："当你为某项罪行作证时，你已经目睹了某种情形，并且因此产生了强烈的情绪。你可能一直很气愤，或者很害怕，你的大脑会很混乱，我们知道……当你被强烈的情绪支配时，你没法集中注意力。"

> "阴谋论是个懒汉。"
> —— 阴谋专家比尔·奈

> "目击证词可能是最不可靠的证词……问题是，你记住的东西对你来说都是真实的。而当你看到的是错觉时，它对你来说也是真实的。"
> —— 查克·尼斯，喜剧人

想一想 ▶ 阴谋论会延缓进步吗？

　　从本质上来说，相信阴谋论就是拒绝了解现实，并且回避批判性思考。愚昧往往延缓了科学、医学或社会的进步。如果有足够多的人认为登月是假的，那么，我们会不会撤资，退出太空计划呢？这个例子很极端，但并非不可能。

人们想象，在百慕大三角有一个巨坑。

解读百慕大三角

在百慕大三角发生了什么？

从克里斯托弗·哥伦布那时起，人们就经常在百慕大、波多黎各和佛罗里达之间的海洋航行。在这个区域，冷空气和热空气可能会交汇，进而引发风暴，让海面变得波涛汹涌。大西洋飓风也在此频繁活动。

即使在现代，人们也会因为自己的选择、危险的海域遭遇悲剧。2015年，一位经验丰富的货轮船长驾驶着"灯塔号"，从佛罗里达前往波多黎各，当时，猛烈的4级飓风"华金"正好从这一带穿过。船舱开始进水，随后无线电通信中断。"灯塔号"从此消失了。

不过，考虑到那里的交通和天气情况，从统计数据来看，这个地区海难和飞机失事的次数并没有超出预期。或者就像尼尔说的那样："你有没有注意到从没有哪列火车彻底失踪过？火车从不会凭空消失。"

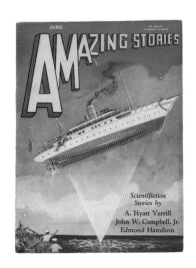

科幻杂志《惊奇故事》于1926年发行。

天外来客UFO秀

美国政府在 51 区隐藏着什么秘密？

天文学家詹姆斯·麦克加哈在美国空军服役时，所做的许多工作都属于最高机密，他在 51 区的工作也是如此。51 区也被称作梦境，它还有一个官方名称——内华达州的霍米机场和格鲁姆湖。那里所有的工作都是机密——实际上，嘘，美国政府直到 2013 年才正式承认它的存在。隐形飞机可能就是在这里进行测试的，例如 F-117 和 B-2，但确切知道此事的人都不会走漏消息。"这恰恰是阴谋论的核心，"麦克加哈说，"UFO 被阴谋论笼罩着。"

51 区周边的秘密区域为荒诞故事提供了完美的素材，这些故事和外星飞船、外星技术甚至外星人有关。毕竟，任何进入或离开此地的飞行物都是保密的——因此，按照定义，这是个不明飞行物（UFO）。除了 51 区，还有一个地点也经常出现在 UFO 传说中，那就是新墨西哥州的罗斯威尔——据说那是 1947 年某个 UFO 坠毁的地点。

导览

既然外星人就在地球上，为什么还要寻找他们？

从《火星叔叔马丁》到《X 档案》，长期以来，电视节目一直明白无误地假设，外星人就在我们中间。关于这个问题，天文学家塞思·肖斯塔克博士有话要说："有些人在个人生活中遇到了和外星人有关的难题，他们给我打电话、发邮件，每天至少要找我五回。他们给我发来照片，还有 UFO 的视频。于是，他们往往认为我们监听外星人的广播不能有效地发现外星人的踪迹，毕竟，他们（三分之一的美国人）相信，外星人就在地球上。"

51 区附近的邮箱是外星人高速公路的地标。

那是个 UFO，还是一朵云？

每年都有几千甚至几百万起 UFO 目击事件。其中许多个"UFO"很好解释，它们都是直升机、飞机或者载人航天器。（是的，你在地球上可以看到国际空间站，它看起来确实很炫酷。）剩下的"UFO"几乎都是自然现象，例如明亮的行星（特别是金星），闪电和其他天气事件，流星或云层。人们为什么会这么轻易地认为他们看到的东西和天外来客有关？太空认知专家尼尔·德格拉斯·泰森给出了答案："情况是这样的，当你看到天空中出现陌生事物时，你的大脑会试图理解它，并且接受它

> 我觉得，他们其实已经研究过地球，并且得出了结论——这里没有智慧生命存在的迹象。居然认为外星人到地球是拜访我们，这种想法是多么狂妄自大啊。
>
> ——尼尔·德格拉斯·泰森博士，太空谦卑者

的存在。但是这个事物超出了你的大脑的理解范围，所以，你的大脑会把几个信息'点'联系起来，创造出缺失的信息片段。这样一来，当你试图判断你看到的是什么，或者它有多大时，你的大脑会填补信息空白。"

有一种透镜状的云经常被误认为是 UFO——甚至，还有人解释说，这种云是人造的，用来为 UFO 打掩护。静止的荚状云是在大气层较低的位置自然形成的，通常飘浮在天然的陆地屏障（如山脉或山脊线）上。它们有种自然的美感——看起来就像造型轻盈的外星飞碟。

荚状云很像飞碟。

宇宙之问：UFO

飞碟为什么会旋转？

有时候，根据人们的描述或是"目击证词"，飞碟飞行时一直在旋转。这是符合逻辑的：旋转会产生朝向物体外缘的加速度，只要乘客踩着飞碟的外缘站立，飞碟就可以模拟重力环境。不过，如果他们站得笔直，或者面向前方坐着，飞碟里的设备就会飞起来，这些外星人自己也会头昏眼花。

尤金·米尔曼：问题是整个飞碟都在旋转，只有傻瓜才会制造这样的东西。

尼尔：如果是这样的话，那些外星人也太蠢了。如果他们设法做到了这一点，那就违反了久经检验的物理学定律。

实际上，在几十年来有关碟形 UFO 的报告中，只有一小部分说它们在旋转。好莱坞拍摄的画面也不一致。例如，可以对比《地球停转之日》（1951）与《飞碟入侵地球》（1956）。至于那些看起来确实在旋转的飞碟，旋转可能只是一种视觉上的错觉，或者，它们只有薄薄的外壳在旋转，内部却保持静止。

导览

外星人难道还没有造访地球？

也许外星人已经来过这里了——不是为了殖民或征服，仅仅是经过这里，看上一眼，或者完成一些工作，然后再次起飞。

如果是这样的话，就像物理学家恩里科·费米问的那样，他们都在哪儿呢？"费米悖论"认为，应该有各种各样的外星活动，而且我们应该已经通过天文搜索找到了他们——除非外星人费尽心力掩饰自己的活动。但这又有什么意义呢？

你知道吗

在 20 世纪 50 年代，一家加拿大公司与美国空军签订了合同，要为美国空军开发一款碟形飞行器。"1794 工程"以失败告终，但是它确实催生了一些有价值的航空技术。

想一想 ▶ 为什么外星人无论如何都想到这里来？

演员艾伦·艾尔达："外星人不会到这里来，因为他们首先看到的就是我们的电视节目……他们首先听到的是奥逊·威尔斯的广播节目《世界大战》……他们认为，这个地方的游客太多，已经人满为患了。"

喜剧人约翰·霍吉曼："想想他们需要多少能源和资源才能到地球来。他们来了又会得到什么呢？"

与外星人见面会是怎样的？

H.G. 威尔斯的《世界大战》虚构了火星人的进攻。

长期以来，人们设想与外星人的会面时，要么充满恐惧，要么心怀渴望。这样的想象也体现在电影里，例如《独立日》等电影中的可怕毁灭，或是《星际迷航：第一次接触》中的亲切问候。

物理学家斯蒂芬·霍金博士对此持谨慎态度，他说与外星人见面可能会对我们人类不利——他若有所思地说，哥伦布到达时的美洲原住民，可能就是我们的前车之鉴。"斯蒂芬·霍金之所以会表达出这种恐惧，是因为他知道我们会怎样对待别人，而不是因为他真的知道外星人会怎样对待我们。"尼尔说。

如果霍金的担忧是合理的，那么人类可能需要采取预防措施，以确保我们不会被外星人发现。也许我们需要对电子传输和无线通信进行加密——这样当它们进入太空时，它们就像是随机的无线电噪声。

你知道吗

"突破聆听"是一个全新的地外智慧生命科学考察项目。未来十年，这个项目会在银河系及其附近 100 个星系的范围内，对 100 万个星球进行搜索，以寻找外星生命存在的迹象。

想一想 ▶ "哇！"是外星人发来的讯息吗？

20 世纪 70 年代，"搜寻地外智慧生命"计划（SETI）的一位研究人员注意到一个简短的无线电信号，这个信号看起来很像连贯的信息。于是，他在打印的记录上把它圈了出来，在它旁边写了"哇！"。后来再也没有人听到过那个信号。它只是随机的噪音吗？外星人是不是已经停止发送信号了——或者开始隐藏他们的广播？如果我们不能再次找到这个信号，我们可能永远也不会知道答案。

给外星人的地球指南

外星人会来拯救我们还是消灭我们？

在与其他生物的互动中，我们消灭它们，驯化它们，关爱它们，甚至崇拜它们。我们的行为通常与文化有关：美国人饲养牛以供食用；印度人民保护牛，把它们当作圣物。因此，仅仅根据我们目前与其他物种的关系，我们想象不出未来人类与外星人的互动会是怎样的。

地球会成为外星人攻击的目标吗？

"如果外星人穿越银河系来到地球，这说明他们拥有比我们更先进的技术，因此，出于恐惧，我们会认为他们都很邪恶，"尼尔说，"我觉得，有这样一种情况可以拯救我们：他们努力研究了地球，并且观察了以地球统治者自居的人类，然后他们根据掌握的所有证据得出结论——地球上没有智慧生命存在的迹象。这样他们就会放过我们了。"

尼尔：上回你走过一堆蠕虫时说，"天呐，我想知道它们在想什么，我想跟它们和睦相处。"

琳恩·科普利兹：但是我也看过人们踩死它们，仅仅因为它们出现在那儿。

克林贡人是怎样成为航天物种的？

喜剧人、《星际迷航》极客莱恩·洛德想知道：《星际迷航》世界中的克林贡文明信奉战斗、征服和荣耀，既然如此，早在离开自己的星球之前，他们是不是已经用先进的技术把自己消灭了？并不一定是这样。尼尔说："战争文化与科技文化并不矛盾。实际上，战争会推动科学的发展。承认这一点很痛苦，但这是事实。人们出于对生存的强烈渴望，会迸发出非凡的创造力，发明出某种东西——拥有这种东西的人可以比别人更好地生存，而这种东西通常是武器。"

想一想吧：我们拥有足以摧毁人类这个物种的军事技术，但我们还没有把自己消灭掉。也许在克林贡文明的形成时期，克林贡人的战争倾向也受到了政治和社会的限制。也许，克林贡人在铺平通往宇宙的道路后，会发展出自己的战斗方式。

你知道吗

在 22 世纪和 23 世纪，因为某种流行病，几百万克林贡人没有额脊。这种病产生的原因有二：一是用于基因改造的人类 DNA；二是在制作原版《星际迷航》剧集的时候，好莱坞的服化技术还不到位。

《星际迷航 3：石破天惊》（1984）中的克林贡人。

"我能想象一个外来物种，那就是能量……问题是，很难赋予能量某种形体。当能量变成物质时，你可以创造分子和事物……但如果它没有变成物质，它就没有定型，创造无定形的生命比创造有实体的生命更难。"

——尼尔·德格拉斯·泰森博士，太空"无定形"专家

"我们是当下的囚徒，被困在过去与未来之间永恒的过渡地带。"

—— 尼尔·德格拉斯·泰森博士，天体物理学家

第八节

时间旅行什么时候能实现？

这是科幻作品真正的前沿。当然，通过黑洞、超能力和"弑星者"行星这类东西，你可以对宇宙做出不少改变。但是，如果你可以改变过去，你就可以在眨眼之间改变宇宙中的一切——而且没有人会记得宇宙本来的样子。

我们能回到过去吗——先不论我们要达到怎样的技术水平，从理论上来说，我们真的能操纵时间吗？时间到底是什么呢？如果我们像阿尔伯特·爱因斯坦那样去考虑时间——从长度、宽度、高度等方面去考虑，考虑它特有的属性，那么问题的关键就在于时空弯曲。通过弯曲、折叠的空间，我们甚至有可能打破宇宙运动的根本限制——光速。

可以肯定的是，我们可以去往未来。我们已经知道，在遥远的未来，当我们周遭的世界"变老"时，有哪种科学可以让我们保持年轻。这种科学就是时间膨胀——我们还不知道应该怎么做。时间会告诉我们答案。

有朝一日，时间机器可能会连通过去、现在和未来。

[谈时间]

《神秘博士》《星际迷航》还是雷·布莱伯利？

"时间是物理学最让人迷惑的一个方面，"宇宙学家珍娜·莱文博士说，"我们基本得从空间的角度来设想它。我们要把它大致想象成是一个维度。然而，我可以往我的左边看，却无法看到时间轴上的未来。我可以往我的右边看，却无法看到时间轴上的过去。"

根据阿尔伯特·爱因斯坦在广义相对论中的解释，时间是一个维度，它与空间的三个维度结合在一起，形成了易弯曲的四维形式，也就是我们所说的时空。当你以四维形式运动时，你的运动轨迹叫作世界线。太空时间专家尼尔·德格拉斯·泰森博士解释说："除此之外，时间还是方程式中的一个术语，通过这个方程式，你可以在世界线的坐标系中定位某样东西。世界线就是你在时间和空间中的位置……你无法在不同时间出现在同一个地点，你也无法在同一时间出现在不同地点。时间和空间是绑定在一起的。"

要是有一次重大的折叠，事情就简单多了。长度、宽度和高度是双向的，而时间却是单向的。因此，当你在我们的宇宙中测量四维距离（也即本征时间间隔）时，时间项与长度、宽度、高度这几项的符号相反。也正因为如此，时间旅行才会显得这么奇怪，时间倒流则违背了物理学定律。

人物简介 👓

阿尔伯特·爱因斯坦，二十世纪的"世纪人物"

阿尔伯特·爱因斯坦（1879—1955）一路过关斩将，获得博士学位，找到工作，在这些方面他的表现虽不突出，但也还过得去，因此他才有了时间和机会去做自己真正想做的事情：思考具有挑战性的物理学问题。然后，在"奇迹年"1905年，他提出了有关三大科学奥秘的理论，并推导出公式 $E=mc^2$。当他的广义相对论被证实的时候，爱因斯坦享誉全球。在晚年，他凭借对科学、教育、宇宙和人性的思考，被《时代周刊》评选为"世纪人物"。

"因为在轨道上航行……宇航员变老的速度比你我要慢一些……当你乘坐喷气式飞机环游世界时，你的时间也过得慢一些。"

——时间膨胀专家比尔·奈

想一想 ▶ 有没有这样一个地方，在那里时间以不同的方式流逝？

在不同的地方，时间流逝的速率不同。在我们的日常生活中，这种影响微乎其微，但绝对可以通过纳秒级别的精度来测量。例如，对运动较快的物体来说，时间过得比运动较慢的物体要慢得多。重力也会让时间流逝变慢。比方说，如果你和朋友在黑洞附近闲逛，那么对距离黑洞较近的人来说，时间过得更慢。

太阳光到达地球大约需要 8 分钟。

"在我写科幻小说时，写的是'零点能'。不过，它不像引力波那么酷炫……当引力波经过你时，你前面的空间会被挤压，后面的空间会被拉伸，而你……嗖！"

—— 巴兹·奥尔德林博士，宇航员

时间会倒流吗？

可能不会，尽管我们对此并不确定。如果用数学来推导时间膨胀，那么，在超光速旅行时，时间并不是负数，而是虚数。"我们知道有这种时钟，"宇宙学家珍娜·莱文博士说，"时钟永远不会停止，我们永远不会回到过去。在时间轴上，我们永远也不会不小心走错方向。它一直在推着我们往前走。"

▶ 什么是超光速粒子？

根据狭义相对论，只有光才能以光速运动——在我们的宇宙中，其他所有事物的运动速度都比光速慢。运动速度比光速快的粒子被称为超光速粒子。如果它们真的存在，那么它们可能就是时间旅行的关键。就像尼尔所说的那样："如果我向你发送了一个超光速粒子信号，在我发送之前，你就会接收到它。我们不知道它们是否存在，但它们在理论上是可行的。"

▶ 我们如何进行超光速实验？

太空速度专家尼尔·德格拉斯·泰森博士回答："光在真空中的传播速度最快。它在空气中的传播速度稍微慢一点儿。它在水中的传播速度要再慢一点儿……在玻璃或钻石中的传播速度更慢。以超光速从那里发送粒子，会引发——小型的光爆。"

▶ 我们能捕捉引力波吗？

不要把引力波与重力波混为一谈。重力波产生于湖泊和海洋，而引力波则是空间本身（长度、宽度、高度）的波动。但是，引力波很小，而且只有像恒星爆炸、黑洞碰撞这样的大事件才会生成引力波。所以，要想在引力波上冲浪，可能有点儿困难。

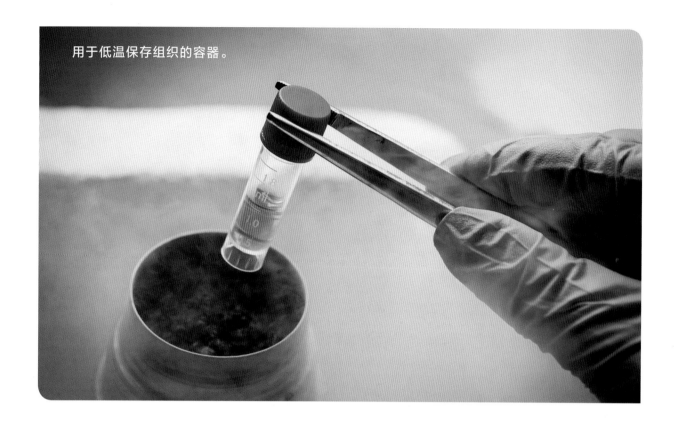

用于低温保存组织的容器。

电影里的时间旅行

低温冷冻技术，华特·迪士尼用对了吗？

有传言说，华特·迪士尼一死，他的尸体马上就被冷冻起来了。（不，他被火化了。）不过，借助低温冷冻技术，人们真的能"穿越"到未来却不变老吗？人类的生物组织可能太脆弱，无法长期冷冻。

华特·迪士尼

"你把人们冷冻起来，他们到达目的地后便会苏醒，"菲尔·普莱特博士解释说，"我们不知道怎样才能做到这一点。你把某人冷冻起来，他们就冻坏了。太糟糕了……我想，我们可以把迪士尼的头送到半人马座阿尔法星，看看会发生什么。"

"严重冻伤，伙计。"莱恩·洛德补充说。

尽管如此，人体冷冻休眠的设想由来已久，许多作家和制片人都采用了这个设想——讽刺的是，其中也包括华特·迪士尼影视制作公司。这家公司最近几部电影的主角都是美国队长，1945 年，他在一场意外中被冷冻了，过了几十年才解冻。

宇宙之问：时间旅行

时间旅行者不存在，那时间旅行还会存在吗？

《今日宇宙》的出版商弗雷泽·凯恩曾问过尼尔："到现在还没有时间旅行者，这证明我们以后也不会发明出时间旅行，不是吗？"

尼尔回答说："这个论据不错……也许，你的时间机器只能把你带到未来，这样你就不会面临杀死外祖母的悖论——要是你把自己的外祖母杀死了，你就再也没法出生了。"

当然，你可以格外小心。在电视剧《星际迷航：航海家号》中，时间旅行者遵循《临时最高指令》，为了维持时间线不惜牺牲一切，甚至抹去了自己的存在。

杰弗里·兰迪斯博士是美国宇航局的天体物理学家，同时，他也是个获奖作家。在他的短篇小说《狄拉克海上的涟漪》中，时光旅行者无法实践"外祖母悖论"，因为每当他回到现在，他对过去做的所有改变都消失了。

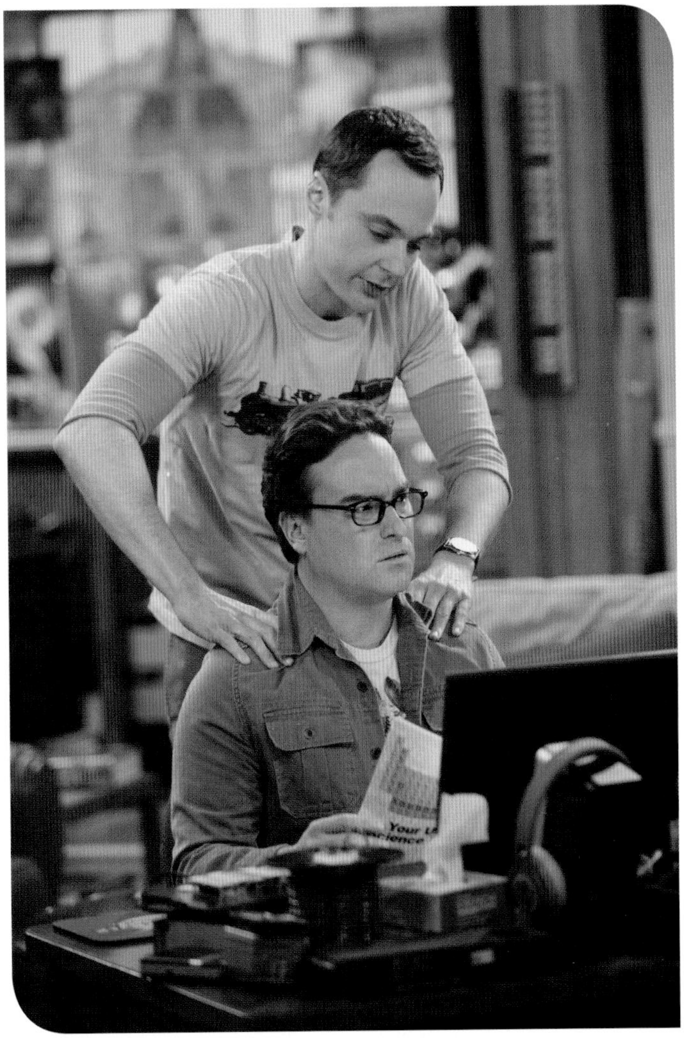

时间旅行是《生活大爆炸》的一个主题。

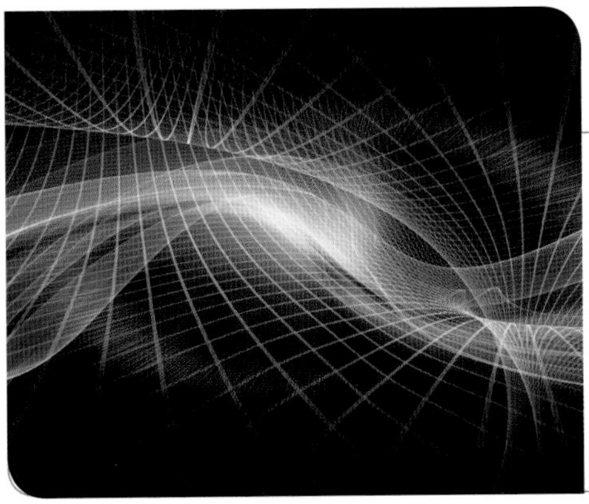

想一想 ▸ 时间旅行同时也是太空旅行吗？

由于地球绕太阳公转，它现在的位置与 6 个月前的位置相距将近 2 亿英里。因此，除非时空旅行具有某种时空相对性，就像飞鸟不会飞到外太空去，否则你必须经过极其复杂的计算才能在你想要的地方着陆。"你必须设定位置和时间，不然你就完蛋了，"尼尔警告说，"这简直像是在跳芭蕾。"

"有人认为，弯曲空间比弯曲自己更容易，在我看来，恰恰相反。但这只是我从物理学角度推导出的答案。我又知道些什么呢？"

—— 查理·刘博士，天体物理学家

《星际穿越》中的科学 对话克里斯托弗·诺兰

我们可以通过折叠空间实现星际旅行吗？

用数学家的话来讲，时空是一个流形结构——顾名思义，从理论上说，时空是可以折叠的，至少可以朝着多个方向弯曲。

在广义相对论中，引力就是时空曲率。因此，我们只需要掌控一个足够大的引力源，以便让时空向内弯折，然后再迅速复位。不过引力只能以光速传播——所以，除非这次折叠是永久性的，否则它可能对你的超光速旅行起不了作用。

"你可以通过某种手段，比如曲速引擎，缩短两点之间的时空距离，把它们拉近，从中间穿过去——你不必进行 400 光年的旅行——然后，你再把这两点复归原位。没什么大不了的。"宇宙学家珍娜·莱文博士说。

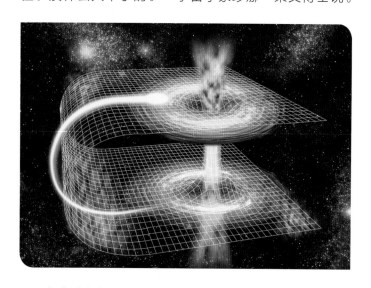

弯曲时空为两个遥远地点之间的旅行提供了可能。

对话

尼尔承认："我对曲速引擎的看法是错的！"

尼尔：我想，它们正在弯曲空间，跟折纸的原理一样。

查理·刘博士：大错特错，尼尔。

尼尔：跟我说说曲速引擎的工作原理是怎样的。

查理·刘博士：曲速舱在飞船周围创造了一个子空间，通过子空间，飞船得以以超光速穿过普通空间。

尼尔：所以我错了，原谅我吧。

"你能以多快的速度穿过子空间，这一速度就是曲速层级。"

—— 查理·刘博士，天体物理学家

宇宙之问：超能力

我们能不能利用黑洞或"塔迪斯"来进行时间旅行？

黑洞是有趣的数学模型，也是真实的物理对象。如果黑洞旋转得足够快，它的几何形状就会发生变化——黑洞中心的"奇点"会变成一个环，形成一个环形区域，在这个区域，物体在理论上可以以任何速度运动，甚至超光速。也许，人们甚至可以通过这个区域回到过去！

还有另一种时间旅行方式，它完全是虚构的，但可能更有趣。这种旅行方式也利用了黑洞，只不过是把黑洞当作动力源。在电视剧《神秘博士》中，穿越时空的"塔迪斯"由"和谐之眼"驱动。"和谐之眼"是一颗巨大的坍缩星，它在开始形成黑洞的那一刻被及时冻结了。不过，这样一颗恒星坍缩（成为 II 型超新星）时产生的全部能量仍不足以为"塔迪斯"穿越时空提供动力。

"事实证明，如果你有一个旋转的黑洞，那么，在你离开之前，你也许可以穿过黑洞，从它的另一面出来。"

—— 尼尔·德格拉斯·泰森博士

你知道吗

如果你在去黑洞天鹅座 X-1 的路上花了一年，在那里待了一年，然后又花了一年时间回来，那么，你只比原来老了三岁，却来到了 1201 年后的未来。

"塔迪斯"可以把《神秘博士》里的主角传送到时空中的任意一点。

想一想 ▶ 《超时空接触》里的设定对不对？

在 1997 年的电影《超时空接触》中，主人公乘坐按外星人规格设计的吊舱旅行。她在旅途中度过了 18 个小时，而地面上观察她的每个人都只经历了一两秒钟。如果她这趟旅行具有相对性——也就是说，如果她的时间流速变快了——那么，时间膨胀的影响就应该正好相反，对她来说，时间会过得比在地球上慢。但是，嘿，这可是外星人的东西——谁知道他们都有些什么技术，对吧？

探讨《星际穿越》中的时间旅行

我们可以借助五维空间进行时间旅行吗？

在马德琳·恩格尔的经典小说《时间的皱折》中，人物迅速穿过了五维空间。借助这个巧妙的手段，他们得以周游宇宙，在奇异的星球上冒险，而且，他们依然可以及时赶回家吃晚饭。我们不知道这种情况会不会真的发生，不过，太空探测专家尼尔·德格拉斯·泰森博士认为肯定可以："如果你进入了五维空间，那么，你就有可能跳出时间维度。时间之于你，一如空间之于我们……如果你的整条时间线就摆在你面前，那你就可以进入它，跳进任何一个时间点，重活一遍……跳进去，然后更改一些已经存在的东西，这意味着什么呢？"

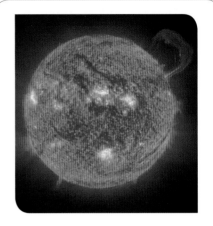

导览

你能飞进太阳，由此展开时间旅行吗？

在《星际迷航》原版剧集和电影《星际迷航4：抢救未来》中，"进取号"成员把星舰驶向太阳，利用太阳做引力弹弓，把他们投掷到过去。那样做行得通吗？"他们在电影里的所作所为，你是办不到的，"尼尔告诉我们，"所以趁早断了这个念头吧。要想做这样的事，只有一个办法，那就是你的引力比太阳大得多。"

《星际穿越》（2014）中的五维空间是根据真正的物理学设定的。

"你可以问：'我是什么时候出生的？'嗯，你总在出生。'我是什么时候上的大学？'你总在上大学。'我是什么时候死的？'你总在死去。"

——尼尔·德格拉斯·泰森谈从更高维度看你的时间线

谈虫洞与时间旅行

有朝一日，我们可以通过虫洞旅行吗？

乔治·竹井在《星际迷航》中饰演了苏鲁田光。他问尼尔对于穿越时空的终极交通系统有何看法。尼尔是这样回答的："虫洞？要是没有它们，我们哪儿也去不了……但我们还无法控制时空、物质和能量，进而创造出一个虫洞……是的，也许我们最终能做到……有一天，我们可以调集一个星系的能量，还有超星系团中所有恒星的质量……我可以想象到，操纵物质、能量——在你与目的地之间的空间结构里放入弯曲的'口袋'——这时宇宙就变成了虫洞密布的高速公路。你想去哪儿就去哪儿。"

你知道吗

《星际迷航》原版剧集从未提及"虫洞"，直到《星际迷航：无限太空》才引入了这个术语。

"对于宇宙中的能量，我们没有足够的支配权，我们无法凭一时兴起创造虫洞。如果银河系数千亿颗恒星产生的所有能量都能为我们所用，那就足够了。"

—— 尼尔·德格拉斯·泰森，太空"一时兴起"专家

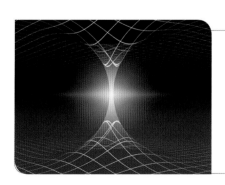

想一想 ▶ 这一切什么时候才会实现？

乔治·竹井问尼尔，要经过几代人的努力，我们才能开通穿越时空的虫洞高速公路？尼尔回答说："在 1900 年，有人说'噢，我们永远不会登上月球，'69 年后，我们在月球上留下了脚印。我不知道开通虫洞高速公路是不是要花费比这更多的时间。"我们最终会得出答案吗？有一点我们是知道的：日后我们必将回答的一些问题，现在我们甚至还没有提出。